Muhammad Zainuddin Lubis
Pratiwi Dwi Wulandari
Sri Pujiyati

# Golfinhos roazes do Indo-Pacífico machos em cativeiro na Indonésia

Muhammad Zainuddin Lubis
Pratiwi Dwi Wulandari
Sri Pujiyati

# Golfinhos roazes do Indo-Pacífico machos em cativeiro na Indonésia

ScienciaScripts

This book is a translation from the original published under ISBN 978-3-659-61203-9.

Publisher:
Sciencia Scripts
is a trademark of
Dodo Books Indian Ocean Ltd. and OmniScriptum S.R.L publishing group

120 High Road, East Finchley, London, N2 9ED, United Kingdom
Str. Armeneasca 28/1, office 1, Chisinau MD-2012, Republic of Moldova, Europe
Printed at: see last page
ISBN: 978-613-9-89211-2

# ÍNDICE DE CONTEÚDOS

**Resumo** : Este livro descreve a relação entre a biologia e a acústica do golfinho roaz do Indo-Pacífico (Tursiops aduncus). O golfinho roaz do Indo-Pacífico (Tursiops aduncus) é uma espécie de golfinho roaz. Este golfinho atinge os 2,6 metros de comprimento e pesa até 230 quilogramas. Vive nas águas em redor da Índia, no norte da Austrália, no sul da China, no Mar Vermelho e na costa oriental de África. O seu dorso é cinzento-escuro e o ventre é cinzento-claro ou quase branco com manchas cinzentas. Os golfinhos roazes do Indo-Pacífico machos incluem espécies de mamíferos que têm uma boa sensibilidade auditiva. Esta é causada por um sistema de rede de sentidos da audição que está bem estabelecido. Os golfinhos podem ouvir sons com frequências de 1-150 kHz. Esta elevada sensibilidade é indispensável para a ecolocalização. A ecolocalização é a capacidade de sentir através do som e da audição. Esta atividade ocorre em duas fases, a primeira o golfinho emite Clicks de alta frequência (120 kHz), sendo depois projectados através da zona frontal da cabeça (melão) para o meio aquoso circundante. Quando o golfinho clica num objeto, forma um eco ou ondas sonoras que são recebidas pelos golfinhos e transformadas em informação sobre o lopkasi ou o tipo de objeto.

O roaz-corvineiro, a espécie de golfinho mais conhecida, é um animal social. Vive em pequenos grupos e, por vezes, em cardumes maiores. Caçam juntos e, por vezes, partilham a responsabilidade de criar as crias. Este comportamento social é provavelmente a chave para a sobrevivência de muitas espécies de golfinhos. Para compreender melhor o comportamento dos golfinhos em geral, é necessário compreender a dinâmica da vida em grupo.

Nos últimos anos, na Indonésia, os golfinhos tornaram-se a presa a ser utilizada como material de consumo. Quando é feito de forma contínua, pode levar à redução das populações de golfinhos na natureza, embora seja feito de forma tradicional. A praia de Buleleng Lovina, em Bali, e as águas do Golfo de Kiluan Tanggamus Lampung são uma das rotas de migração dos golfinhos na Indonésia. Nestas águas, o público pode ver diretamente os golfinhos a passar e a saltar à volta da praia. Estima-se que

Por outro lado, a área é um local de recolha destes golfinhos. Devido à atração dos golfinhos, o governo local concentra as actividades turísticas neste local.

Os cetáceos tornaram-se a presa a ser utilizada como material de consumo e outros, como a carne de baleia. A caça contínua de cetáceos pode levar ao desaparecimento das populações de cetáceos na natureza, embora seja feita tradicionalmente. Para determinar a existência de uma população de golfinhos, é necessária uma informação inicial que será útil como referência para a gestão dos recursos marinhos e para melhorar a compreensão da ecologia dos cetáceos no seu habitat real. Por conseguinte, foi realizado um estudo para determinar a quantidade, a distribuição e o comportamento dos cetáceos que podem ser considerados pelos decisores políticos das partes para criar uma área marinha protegida para os golfinhos. As baleias dentadas (incluindo os golfinhos) desenvolveram uma capacidade sensorial notável, utilizada para localizar alimentos e para a navegação subaquática, chamada ecolocalização. As baleias com dentes produzem uma variedade de sons movendo o ar entre os espaços aéreos ou seios da cabeça. Os sons são reflectidos ou ecoados pelos objectos e pensa-se que são recebidos por um canal cheio de óleo na mandíbula inferior e conduzidos para o ouvido médio do animal.

Quando nadam normalmente, os sons emitidos são geralmente de baixa frequência; os ecos destes sons fornecem informações sobre o fundo do mar, as linhas costeiras, os obstáculos submarinos, a profundidade da água e a presença de outros animais debaixo de água. Uma teoria recente sugere que os sons focados de intensidade muito elevada podem ser utilizados para atordoar ou desorientar as presas durante a caça. A ecolocalização é extremamente sensível e alguns cientistas pensam que pode proporcionar às baleias dentadas e aos golfinhos uma visão tridimensional do mundo. Pensa-se que os assobios, estalidos, gemidos e outros ruídos produzidos por muitas baleias de dentes são também importantes para a comunicação entre indivíduos.

A ecolocalização evoluiu como modalidade sensorial primária tanto nas baleias dentadas como nos morcegos. Desde a descoberta da ecolocalização nos morcegos, nos anos 30, e nos golfinhos, nos anos 50 e 60, este sistema sensorial tem sido objeto de intensa investigação científica, tanto no terreno como em laboratório. A bioacústica é o conhecimento que combina a biologia e a acústica, que normalmente se refere à investigação sobre a produção de som, a dispersão através de um meio elástico e a aceitação em animais, incluindo os seres humanos. Mas porque a ciência da acústica cresceu muito para os golfinhos, os investigadores anteriormente vinham exercendo registos e análises de vocalização.

O valor da intensidade de som mais elevado obtido ao som de depois de comer no segundo dia com a sua intensidade de 32,01 dB e o valor da intensidade mais baixo de antes de comer no primeiro dia. Os golfinhos tendem a estar algures numa piscina de água antes de comer e os golfinhos estavam sempre sentados à superfície da lagoa no momento depois de comer. Frequência do som do clique Golfinhos roazes do Indo-Pacífico machos *(Tursiop aduncus)* em cativeiro na Indonésia com uma frequência de 13,21115,245 Hz. Os golfinhos roazes do Indo-Pacífico *(Tursiops aduncus)* machos em Cisarua, Bogor, Indonésia, têm uma densidade espetral de potência (PSD) e uma gama de frequências do som do assobio diferentes umas das outras. O valor de intensidade mais elevado é o som de um apito 4 com valores de intensidade de 23,40 dB a uma frequência de 14100-14200 Hz. A posição dos golfinhos numa piscina de fisioterapia é mais dominante e está frequentemente localizada no fundo da piscina.

# CAPÍTULO 1

# GOLFINHOS ROAZES DO INDO-PACÍFICO MACHOS
# (CETÁCEOS)

Por : Muhammad Zainuddin Lubis, B.sc

O golfinho roaz do Indo-Pacífico (Tursiops aduncus) é uma espécie de golfinho roaz. Este golfinho atinge 2,6 metros de comprimento e pesa até 230 quilogramas. Vive nas águas em redor da Índia, no norte da Austrália, no sul da China, no Mar Vermelho e na costa oriental de África. O dorso é cinzento escuro e o ventre é cinzento claro ou quase branco com manchas cinzentas.

Até 1998, todos os golfinhos roazes eram considerados membros da espécie única T. truncatus. O roaz-corvineiro do Indo-Pacífico é geralmente mais pequeno do que o roaz-corvineiro-comum, tem um rostro proporcionalmente mais comprido e manchas no ventre e na parte inferior do corpo, além de ter mais dentes do que o roaz-corvineiro-comum - 23 a 29 dentes de cada lado de cada maxilar, contra 21 a 24 do roaz-corvineiro-comum. Há indícios de que o roaz-corvineiro do Indo-Pacífico pode estar mais próximo de certas espécies de golfinhos dos géneros Stenella e Delphinus, especialmente o golfinho-pintado do Atlântico (S. frontalis), do que do roaz-corvineiro comum.

Muitos dos dados científicos antigos no terreno combinam dados sobre o golfinho roaz do Indo-Pacífico e o golfinho roaz comum num único grupo, tornando-os efetivamente inúteis para determinar as diferenças estruturais entre as duas espécies. A IUCN classifica o golfinho roaz do Indo-Pacífico como "deficiente em termos de dados" na sua Lista Vermelha de espécies ameaçadas de extinção devido a este problema

O golfinho roaz macho é um mamífero marinho que respira com pulmões. O orifício de respiração externo é o único orifício de respiração chamado espiráculo, localizado perto do ápice do crânio (Rommel & Lowenstine 2001). Os golfinhos têm

5

alguns sacos de ar (saco de ar) antes de entrar nas narinas internas. O saco de ar serve para acomodar o nitrogénio durante o mergulho dos animais para ser emitido na expiração (Marshall 2002). A figura seguinte mostra os órgãos internos e o trato respiratório, desde o espiráculo até aos pulmões dos golfinhos nariz-de-garrafa (golfinho-botão):

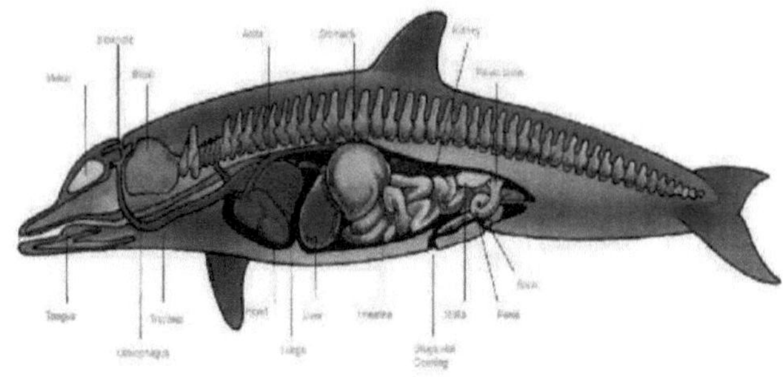

**Figura 1** Panorâmica dos órgãos internos e do trato respiratório, desde o espiráculo até aos pulmões, dos golfinhos nariz-de-garrafa (golfinho roaz) (Marshall 2002).

A figura 1 é uma imagem dos órgãos internos e do trato respiratório, desde o espiráculo até aos pulmões, dos golfinhos garrafa (golfinho roaz) (Marshall 2002) Os golfinhos conseguem sobreviver a um mergulho prolongado por várias razões, nomeadamente (1) a capacidade de armazenar ar nos pulmões muito elevada (75%); (2) a frequência cardíaca pode ser diminuída de 100 vezes por minuto para 10 batimentos por minuto para manter o oxigénio; (3) a capacidade de atrair o sangue rico em oxigénio do músculo para um órgão para manter os níveis de oxigénio e evitar perturbações devido aos elevados níveis de azoto quando chegam rapidamente à superfície após mergulhos profundos. Os golfinhos mantêm o oxigénio no sangue sob a forma de hemoglobina e os músculos sob a forma de mioglobina, que pode ser facilmente utilizada quando necessário para a respiração celular (Marshall 2002).

Forma do corpo golfinhos nariz de garrafa simplificado. A forma do corpo é o que distingue um golfinho de um grupo de cetáceos em geral. A pele do corpo tem uma camada de gordura que alisa o corpo (exterior), reduzindo assim as barreiras à natação. Nos golfinhos não há pescoço, por isso combina perfeitamente com a cabeça da agência. Tamanho dos golfinhos nariz de garrafa adultos variou de 2,5 a 2,7 metros. O peso varia entre 190 e 260 kg.

Caldwell observou que os golfinhos estão isolados, para além de serem prisioneiros, e transportam um apito com treino individual. O gráfico apresenta diferentes frequências, ou padrões de mudança de frequência ao longo do tempo, e a hipótese de que este apito é utilizado para transmitir informações de identidade (Caldwell & Caldwell 1965, Caldwell *et al.* 1990). Vários estudos documentaram as assinaturas do assobio numa variedade de contextos, incluindo a natação livre em golfinhos morrem (Janik e Slater, 1998; Esch *et al.,* 2009), brevemente segurar os golfinhos selvagens (Sayigh *et al.,* 2007, Watwood *et al.* 2005), e golfinhos selvagens em liberdade (por exemplo, Watwood 2003 Buckstaff, 2004, Cook *et al.,* 2004, Watwood *et al.* 2004, 2005). Os sons produzidos pelos golfinhos têm sido categorizados como (1) apito de banda larga, a ecolocalização é utilizada para monitorizar o ambiente, a deteção de presas e predadores, (2) fitas de transmissão de pulsação rápida e (3) o som tonal (muitas vezes chamado de assobios) são utilizados para a comunicação (Cook *et al.* 2004).

Os golfinhos roazes do Indo-Pacífico machos, incluindo espécies de mamíferos que têm uma boa sensibilidade auditiva. É causada por um sistema de rede de sentidos de audição foi bem estabelecida. Os golfinhos podem ouvir sons com frequências de 1-150 kHz. Esta elevada sensibilidade é indispensável para a ecolocalização. A ecolocalização é a capacidade de sentir através do som e da audição. Esta atividade ocorre em duas fases, a primeira o golfinho emite Clicks de alta frequência (120 kHz), sendo depois projectados através da zona frontal da cabeça (melão) para o meio aquoso circundante. Quando o golfinho clica num objeto, forma um eco ou ondas sonoras que são recebidas pelos golfinhos e transformadas em informação sobre o lopkasi ou o tipo de objeto (Dolphin Institute 2002).

O som dos golfinhos em (Cahill 2000), revelou quatro tipos de sons que podem ser identificados nos golfinhos, que são:

1. *Assobios* : Os golfinhos produzem frequentemente um assobio caraterístico, geralmente designado por sinal de alerta. Este som é utilizado para manter o contacto

entre golfinhos individuais.

2.   ***Chirps*** : Som de curta duração que se assemelha ao som dos pássaros "Chirps". Este som pode ser um sinal de um golfinho como um sinal / mensagem de "ok / sim".

3.   ***Click Trains*** : Impulso sonoro de grande comprimento de onda. Utilizado para investigar o objeto ou a pesca. Muitas vezes soa como uma porta velha que se abre lentamente. O gasto sonoro é conhecido como ecolocalização.

4.   ***Squwaks*** : O bip soa como um "sólido" e a repetição média muito elevada. O som é sobretudo utilizado numa luta ou num jogo de golfinhos jovens feridos ou zangados.

O som do assobio é geralmente usado para fins de ecolocalização, enquanto os sons pulsados de explosão e assobios desempenham um papel importante na comunicação interna e intergrupal (Azzolin *et al.* 2013). O assobio contínuo, dá a frequência do sinal (Papale *et al.* 2013), com uma grande variedade de feixe de 800 Hz e 28,5 kHz (Janik, 2009), há muitas vezes um componente harmónico (Papale *et al.* 2013). Um golfinho inicia a interação com sinalização, com informação, numa determinada banda de frequência. O sinal de origem depende então da fonte para ouvir e reagir ao som. A audição nos golfinhos varia entre cerca de 50 Hz-150 kHz, com variações adicionais entre espécies (Janik 2009).

A classificação dos golfinhos nariz-de-garrafa nas águas do Oceano Índico, segundo o Integratied Information System (2004), é a seguinte

Kingdom    : Animalia

   Filum    : Chordata

    Subfilum : Vertebrata

     Kelas     : Mamalia

      Ordo      : Cetacea

       Subordo    : Odonticeti

        Family      : Delphinidae

         Genus         : *Tursiops*

          Spesies         : T. *Anduncus*

( Marshall, 2002)

No domínio dos mamíferos marinhos, a audição é medida em indivíduos vivos utilizando audiómetros comportamentais ou técnicas electrofisiológicas (Finneran & Houser 2006). No caso de espécies não estudadas com audiómetros in vivo. Para algumas espécies, as caraterísticas auditivas podem ser estimadas com base na frequência de produção do som. Os resultados obtidos com base nas caraterísticas sonoras de uma boa observação são a aquisição ou não de uma resposta comportamental treinada em animais (por exemplo, Richardson *et al.* 1995; Erbe, 2002); ou a morfologia da audição, incluindo a natureza da biomecânica da membrana basilar e outras caraterísticas da voz (Wartzok & Ketten 1999). O som do ganido é pouco conhecido e tem um tipo (burst), a caraterística espetral, temporal e a amplitude da voz pulsada no tipo de assobio é muito pouco explorada. A descrição inicial na literatura de que a maior parte do que vale é qualitativa, reflectindo a interpretação subjectiva e a classificação da perda de audição em humanos (Busnel e Dziedzic, 1966; Caldwell e Caldwell, 1967, 1971). Os golfinhos roazes do Indo-Pacífico machos na Indonésia podem ser vistos na figura 2 .

**Figura 2** Golfinhos roazes do Indo-Pacífico machos da Indonésia em cativeiro na Indonésia (Lubis *et al.* 2015)

Os golfinhos, as baleias e os golfinhos são mamíferos marinhos que pertencem à ordem Cetacea, que tem três (3) sub-ordens: Archaeoceti, Mysticeti e Odontoceti. Atualmente, as únicas sub-ordens Odontoceti e Mysticeti que ainda existem na Terra, enquanto a sub-ordem Archaeoceti está extinta. As baleias de bico são membros da sub-ordem Mysticeti, enquanto as baleias dentadas (toothed whale) da sub-ordem Odontoceti (Jefferson *et al.* 1993).

Os animais da ordem dos cetáceos são mamíferos que, ao longo da sua vida, viveram nas águas e fizeram várias adaptações à vida neste meio. Corpo em forma de torpedo (aerodinâmico) sem barbatana posterior. As barbatanas dianteiras são mais pequenas e têm uma cauda horizontal forte para se moverem como uma hélice de barco. As narinas (espiráculo) transformam-se no buraco do soprador no topo da cabeça. Este orifício é útil para respirar quando o animal está a nadar à superfície da água. A morfologia dos mamíferos marinhos da ordem dos cetáceos está representada na figura 3.

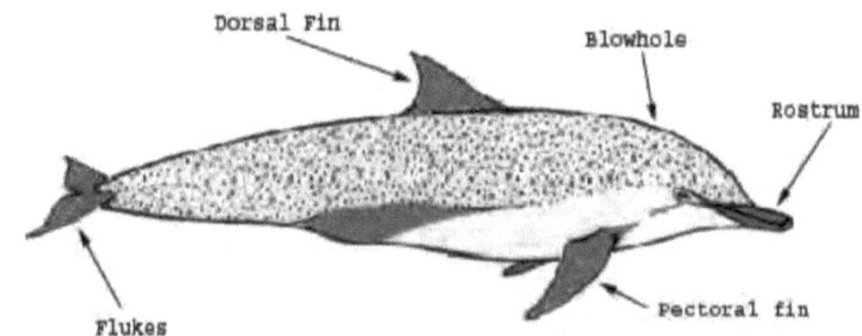


**Figura 3** Morfologia dos mamíferos marinhos da ordem Cetacea

Carwardine *et al.* (1997) descreveram as caraterísticas comuns encontradas nos cetáceos: a forma do corpo é diferente da maioria dos outros mamíferos. A maioria dos mamíferos tem as narinas viradas para a frente, mas os cetáceos têm as narinas acima da cabeça. Mais para trás, há depressões na parte lateral da cabeça, que é a posição da orelha, mas não há orelhas. Os cetáceos têm um pescoço curto, inflexível e com movimentos limitados da cabeça. Na parte de trás da cabeça há membros anteriores em forma de barbatanas sem dedos e braços. As formas que, tal como os peixes, se encontram no corpo dos cetáceos são a barbatana dorsal e a barbatana caudal (fluxo). A barbatana dorsal é útil para a estabilidade e a regulação do calor corporal. Nalgumas espécies, a barbatana dorsal é pequena ou nem sequer existe. A barbatana caudal é horizontal na extremidade da cauda e é suportada apenas a meio pela última parte do osso da cauda (coluna vertebral), sendo a outra parte constituída por tecido não ósseo. De acordo com Reseck (1998), uma diferença fundamental entre os peixes e os cetáceos é a forma da cauda, em que a cauda dos mamíferos é horizontal e, quando nadam, move-se para cima e para baixo, combinada com um ligeiro movimento de torção, enquanto a cauda dos peixes é vertical e move-se de um lado para o outro quando nadam. Os cetáceos pertencem à classe dos animais de sangue quente, sendo a maior parte da sua energia gasta para estabilizar a temperatura corporal. O pelo ou a pele dos mamíferos marinhos é reduzido ou mesmo desaparece, o que está relacionado com a adaptação para reduzir os estrangulamentos no movimento. Para estabilizar a temperatura, os cetáceos têm uma camada de gordura sob a pele.

De acordo com Shane (1990), os golfinhos têm um comportamento social que se caracteriza por:

1)      *Cumprimentar*: os golfinhos cumprimentam em certas circunstâncias, quando se encontram com o grupo através de um rápido nado entre os outros à superfície da água, enquanto a sua cauda se move ou através de um som.

2)      *Roughhousing* : os golfinhos fazem barulho e barulho com o rostro e as barbatanas para dar as boas-vindas a uma nova criança;

3)*Cuidados aloparentais* : Os jovens golfinhos nadam e brincam com outros golfinhos adultos (babysister) durante mais de 1 hora quando a sua mãe está a procurar alimentos a várias centenas de metros de distância.

**REFERÊNCIAS**

Rommel SA, Lowenstine LJ. 2001. Gross and Microskopic Anatomy, in CRC Handbook of Marine mammal. Edisi ke 2.: Dieruf LA e Gulland FMD. New York: CRC Press. p139.

Marshall CD. 2002. Morphology in Encyclopedia of Marine Mammals. W.F. Perrin, B. Wursig e J.G.M. Thewissen (eds.). Academic Press, San Diego. p770-773.

Caldwell, M. C., e D. K. Caldwell. 1965. Individual whistle contours in bottlenosed dolphins *(Tursiops truncatus)*. Nature 207:434-435.

Caldwell, M. C., D. K. Caldwell E P. L. Tyack. 1990. Revisão da hipótese da assinatura do apito para o golfinho roaz do Atlântico. Páginas 199234 *em* S. Leatherwood e R. R. Reeves, eds. The bottlenose dolphin. Academic Press, Nova Iorque, NY.

Janik, V. M., e Slater, P. J. 1998. Context-specific use suggests that bottlenose dolphin signature whistles are cohesion calls, Animal Behav. 56, 829-838.

Esch B. E, Carr J. E, Grow L. L. Evaluation of an enhanced stimulus-stimulus pairing procedure to increase early vocalizations of children with autism (Avaliação de um procedimento de emparelhamento estímulo-estímulo reforçado para aumentar as vocalizações precoces de crianças com autismo). Journal of Applied Behavior Analysis. 2009 ;42:225-241. doi:10.1901/jaba.2009.42-225. [PMC free article] [PubMed].

Sayigh, L. S., H. C. Esch, R. S. Wells e V. M. Janik. 2007. Factos sobre os assobios caraterísticos dos golfinhos roazes, *Tursiops truncatus*. Animal Behavior 74:1631-1642.

Watwood, S. L., E. C. G. Owen, P. L. Tyack e R. S. Wells. 2005. Signature whistle use by temporarily restrained and free-swimming bottlenose dolphins, *Tursiops truncatus*.Animal Behavior 69:1373-1386.

Watwood, S. L. 2003. Utilização do apito e partilha do apito por golfinhos roazes aliados, *Tursiops truncatus*. Tese de doutoramento, Woods Hole Oceanographic Institution, Woods Hole, MA. 227 pp.

Buckstaff, K. C. 2004. Effects of watercraft noise on the acoustic behavior of bottlenosedolphins, *Tursiops truncatus*, in Sarasota Bay, Florida. Marine Mammal Science 20:709-725.

Cook,M. L.H.,L. S. Sayigh, J. E. Blum e R. S.Wells. 2004. Produção de assobio de assinatura em golfinhos roazes (*Tursiops truncatus*) em liberdade e sem perturbações. Actas da Sociedade Real, Série B271;1043-1049.

Watwood, S. L., P. L. Tyack e R. S. Wells. 2004. Whistle sharing in pair male bottlenose dolphins, *Tursiops truncatus*. Behavioral Ecology and Sociobiology 55:531- 543.

Watwood, S. L., E. C. G. Owen, P. L. Tyack e R. S. Wells. 2005. Signature whistle use by temporarily restrained and free-swimming bottlenose dolphins, *Tursiops truncatus*.Animal Behavior 69:1373-1386.

Cook,M. L.H.,L. S. Sayigh, J. E. Blum e R. S.Wells. 2004. Produção de assobio de assinatura em golfinhos roazes (*Tursiops truncatus*) em liberdade e sem perturbações. Actas da Sociedade Real, Série B271;1043-1049.

Cahill, T.2000. Dolphins National Geografic Society. Washington DC.

Azzolin, M. Papale, E., Lammers, M. O. Gannier, A., & Giacoma, C. 2013. Variação geográfica dos assobios do golfinho-riscado (Stenella coeruleoalba) no Mar Mediterrâneo. The Journal of the Acoustical Society of America, 134, 694.

Papale, E. Azzolin, M., Cascao, I., Gannier, A., Lammers, M. O., Martin, V. M. & Giacoma, C. 2013. Variação macro e micro-geográfica dos assobios do golfinho comum de bico curto no Mar Mediterrâneo e no Oceano Atlântico. Ethology Ecology & Evolution, (ahead-of-print), 1-13.

Janik, Vincent M. 2009. "Comunicação acústica em delfinídeos". Avanços no Estudo do Comportamento 40 .

Richardson, W. J, Greene, C. R., Jr, Malme, C. I, & Thomson, D. H. 1995. Marine mammals and noise. New York: Academic Press. 576 pp.

Erbe, C. 2002 . Hearing abilities of baleen whales (Relatório do contratante #DRDC Atlantic CR 2002-065). Dartmouth, NS: Defence R&D Canada - Atlantic. 30 pp.

Wartzok, D. & Ketten, D. R. 1999. Marine mammal sensory systems. Em J. E. Reynolds II & S. A. Rommel (Eds.), Biology of marine mammals (pp. 117-175).Washington, DC: Smithsonian Institution Press.

Jefferson, T.A, S. Leatherwood, M.A. Webber. 1993. *FAO Spesies Identification Guide. Marine Mammals of The World.* UNEP-FAO. Roma.320 p.

Carwadine, M., E.Hoyt, R.E. Fordyce, P. Gill. 1997. *An Australian Geographic Guide to Whales, Dolphins and Purpoises* . Australian Geographic Press. Austrália. 40 p.

Shane, H. 1990. *Behaviour and Ecology of The Bottlenose Dolphin at Sanibel Island, Florida.* In: S. Leatherwood, S. dan R.R.Reeves. *The Bottlenose Dolphin.* Academic Press, Inc.San Diego, Califórnia, Estados Unidos da América:235-245.

Lubis, M.Z, Pujiyati.Sri, Hestirianoto.Totok. 2015.Bioacoustic Characteristic of Male Dolphins Bottle Nose (*Tursiops aduncus* ). Revista Internacional de Engenharia Científica e Tecnologia ISSN:2277-1581,Volume No.5 Edição No.1, pp: 44-49.

# CAPÍTULO 2

# HABITAT DO ROAZ MACHO DO INDO-PACÍFICO

# GOLFINHOS

Por : Muhammad Zainuddin Lubis, B.Sc Pratiwi Dwi Wulandari B.Sc

A Indonésia é um país rico em ilhas. As águas indonésias são águas muito singulares porque têm uma diversidade de cetáceos (baleias, golfinhos e dugongos) elevada. Mais de um terço das espécies de baleias e golfinhos nas águas do mundo estão na Indonésia, incluindo algumas espécies que são categorizadas como raras e ameaçadas de extinção. Existem cerca de 30 espécies de cetáceos que vivem nestas águas. Os cetáceos são um organismo que faz o movimento do Oceano Pacífico e do Oceano Índico que ocorre através do canal das Ilhas Sunda Menores que se estende ao longo de 900 km do Estreito de Sunda para exposição aos Bancos. Na Indonésia, o golfinho roaz é conhecido pelo público através dos meios de comunicação social, que o tornam uma atração de entretenimento. Além disso, para fins comerciais, o treino dos golfinhos é útil para manter a condição física e psicológica dos golfinhos (The Dolphin Research Center 2004).

O roaz-corvineiro é uma espécie cosmopolita, que vive em zonas temperadas e tropicais. No Atlântico, distribuem-se desde a Noruega e a Nova Escócia até à Patagónia e à África do Sul, incluindo o Mar Mediterrâneo; no Pacífico, desde o Norte do Japão e o Sul da Califórnia até à Austrália e ao Chile; e no Oceano Índico, desde a Austrália até à África do Sul. São geralmente reconhecidas uma forma costeira e uma forma ao largo da costa da espécie, com diferenças encontradas na morfologia grosseira, hematologia, morfologia craniana e fauna de parasitas. Foram também descritas distinções genéticas nucleares e mitocondriais entre os roazes da costa e os da costa.

O roaz-corvineiro (Tursiops aduncus) é um membro da ordem Cetacea, que inclui todas as baleias e golfinhos. A ordem Cetacea divide-se ainda nas subordens

15

odontoceti e mysticeti. Os golfinhos são odontocetes, ou baleias dentadas; os mysticetes, ou baleias de barbas, utilizam barbas (placas grossas queratinizadas) para se alimentarem. Os roazes pertencem ainda à família Delphinidae, os golfinhos oceânicos; são as únicas espécies do seu género. Foram descritas várias espécies potencialmente distintas de golfinhos roazes, embora ainda não se tenha chegado a um consenso geral. O Tursiops aduncus encontra-se no Oceano Índico e no Oceano Pacífico tropical ocidental; alguns dados de estudos genéticos indicam que o T. aduncus pode, na realidade, estar mais estreitamente relacionado com o género Stenella (que inclui os golfinhos riscados, pintados e roazes). Alguns investigadores referem-se ao golfinho roaz do Pacífico como Tursiops gilli, embora, mais uma vez, não seja claro se o T. gilli representa efetivamente uma espécie distinta.

Os cetáceos que migram fazem o canal como um movimento local ou de migração à distância (Klinowska 1991). Os cetáceos são particularmente vulneráveis aos impactos ambientais, tais como a destruição do habitat, as perturbações sonoras subsuperficiais, a poluição marinha e a sobrepesca dos recursos marinhos (Hofman 1995).

Uma família de cetáceos que atraiu mais atenção, está amplamente disponível nas águas indonésias e é frequentemente encontrada é a família Delphinidae ou conhecida como golfinhos oceânicos do género Stenella e Tursiops. Os hábitos dos golfinhos são deslocarem-se em grupos e saltarem acima do nível do mar, o que é uma visão espantosa. Os golfinhos são frequentemente vistos a acompanhar ou a perseguir barcos de pesca enquanto correm e saltam. Este comportamento está também intimamente associado ao esforço de captura de um peixe ou de um grupo em movimento ou em migração para outro local. É também frequentemente utilizado como guia para os pescadores no mar para detetar a presença de um grupo de peixes. Por isso, os golfinhos são considerados como amigos dos pescadores (Priyono 2001).

Desde 2000, a atenção da comunidade mundial centrou-se nos padrões de dispersão, nos padrões de migração e na preservação dos mamíferos marinhos. Os esforços de conservação dos mamíferos marinhos necessitam de dados e informações exactos e actualizados. Infelizmente, não são muitos os investigadores indonésios que realizam investigação sobre mamíferos marinhos. O Departamento da Marinha e das Pescas da Indonésia foi pioneiro na investigação sobre mamíferos marinhos através do "Research Inventory Mammals Air" em 2003. Um estudo efectuado por investigadores do mundo dos cetáceos é a capacidade de bio-sonar Odontoceti (baleias dentadas) que podem transmitir um sinal sonoro e obter informações sobre a vizinhança dos ecos.

Nos últimos anos, na Indonésia, os golfinhos tornaram-se a presa a ser utilizada como material de consumo. Quando é feito de forma contínua, pode levar à redução das populações de golfinhos na natureza, embora seja feito de forma tradicional. A praia de Buleleng Lovina, em Bali, e as águas do Golfo de Kiluan Tanggamus Lampung são uma das rotas de migração dos golfinhos na Indonésia. Nestas águas, o público pode ver diretamente os golfinhos a passar e a saltar à volta da praia. Calcula-se que a área seja o habitat de uma coleção destes golfinhos. Devido à atração dos golfinhos, o governo local concentra as actividades turísticas neste local.

Os cetáceos tornaram-se presas para consumo material e outros, como a carne de baleia. A caça contínua de cetáceos pode levar à erkurangnya das populações de cetáceos em estado selvagem, embora seja efectuada tradicionalmente (Faizah et al. 2006). Para determinar a existência de uma população de golfinhos, é necessário dispor de uma primeira informação que servirá de referência para a gestão dos recursos marinhos e para melhorar a compreensão da ecologia dos cetáceos no seu habitat real. Por conseguinte, foi efectuado um estudo para determinar a quantidade, a distribuição e o comportamento dos cetáceos que podem ser considerados pelos decisores políticos das partes para criar uma zona marinha protegida para os golfinhos.

Na Indonésia, a Baía de Kiluan é uma área que tem muitos golfinhos nariz-de-garrafa, tanto machos como fêmeas. A baía de Kiluan é uma bacia de baía situada no golfo de Watermelon Tanggamus, Lampung. Situa-se precisamente na costa leste do Golfo de Melancia, no sul da ilha de Sumatra e diretamente adjacente ao Estreito de Sunda. Tem uma área de 10 km$^2$ e faz parte do distrito estatal de Kiluan Pekon Kelumbayan, Tanggamus. Esta baía está geograficamente localizada entre 05°45'54" LS - 05°48'00" LS e 105°05'06" BT - 105°07'05" BT (Siahainenia 2008). A imagem do mapa de Kiluan e a descoberta dos golfinhos em 2015 podem ser vistas nas

Figuras 1 e 2.

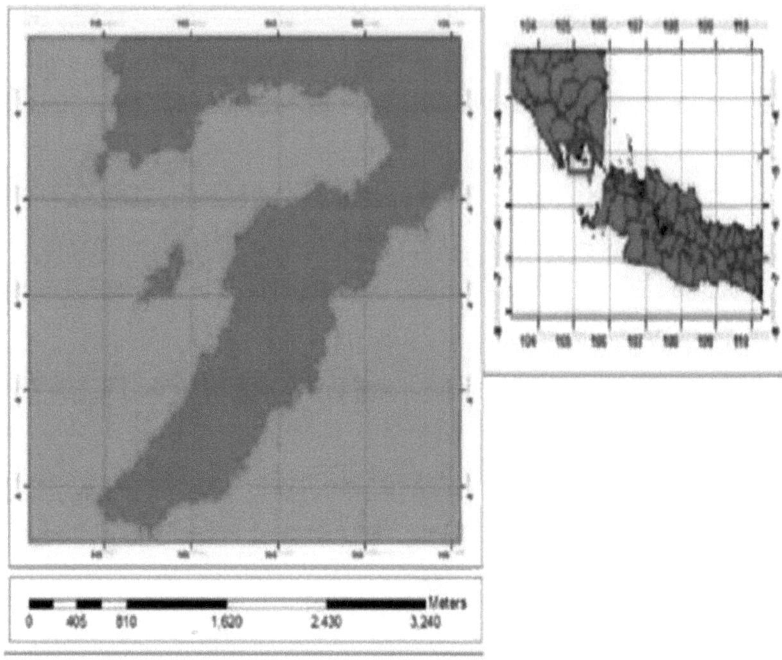

**Figura 1** Mapa da ilha e do Golfo de Kiluan Lampung, Indonésia (2015)

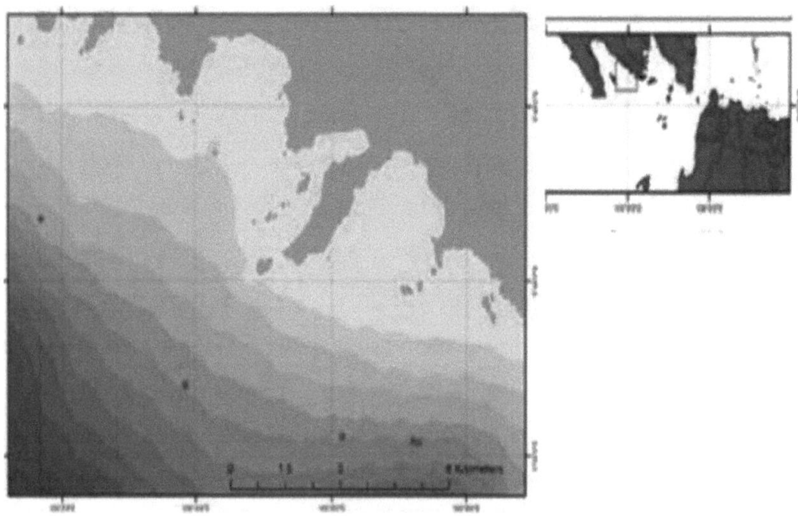

**Figura 2** Mapa da localização da descoberta nos golfinhos do Golfo de Kiluan

Lampung,

Indonésia (2015)

Na imagem acima, a descoberta do golfinho está assinalada com um ponto vermelho. O movimento dos golfinhos durante as observações indica uma profundidade de água de 150-250 metros e está localizado em torno do continente. De acordo com a investigação (Siahainenia e Isnaniah 2013), que o movimento dos golfinhos nas águas do Golfo de Kiluan na gama de profundidades entre 100-800 metros longe da praia e é encontrado a uma profundidade de 600 metros. Suspeita-se da presença de golfinhos longe da costa porque as condições da água estão viradas para as águas do oceano aberto e íngremes. Com base nas condições de localização, as águas do Golfo de Kiluan são mais afectadas pelas águas do Oceano Índico. De acordo com (Pariwono 1999), a profundidade média das águas do Golfo de Melancia é de cerca de 60 metros. Mas a uma distância de cerca de 15 km da cabeça da baía, atingiu uma profundidade de 200 metros. As maiores profundidades de água estão mais a sul, onde a profundidade de até 360 metros se encontra a nordeste da ilha de Tabuan, o que caracteriza a condição de que as águas do Golfo de Melancia (incluindo o Golfo de Kiluan) são mais afectadas pelo Oceano Índico.

A presença e a abundância de golfinhos nas águas são apoiadas também por um fator de procura de alimento e pelas condições oceanográficas dessas águas. Os factores oceanográficos são, entre outros, a temperatura, a salinidade, as correntes e as marés. (Silva et al. 2007) afirma que o golfinho-rotador desempenha um papel importante na cadeia alimentar nas águas de Fernando de Noronha. Os golfinhos se alimentam de pequenos peixes, lulas e camarões, os peixes golfinhos são consumidos por pequenos tubarões e os pequenos tubarões são consumidos por um grande tubarão.

## REFERÊNCIAS


Siahainenia SR. 2008. Kajian Tingkah Laku, Distribusi dan Karakter Suara Lumba-lumba di Perairan Pantai Lovina Bali dan Teluk Kiluan Lampung. [tesis]. Bogor (ID): Institut Pertanian Bogor.

Klinowska,M. 1991. *Dolphins, Purpoises and Whales of The World (Golfinhos, botos e baleias do mundo)*. O Livro Vermelho de Dados da IUCN. IUCN. Gland.

Suíça. 350 p

Hofman, R.J. 1995. *The Changing Focus of Marine Mammal Conservation*. Tendências. Ecol & Evol. Vol 10 No.11:462-465.

Pariwono JI. 1999. *Kondisi Oseanografi Perairan Pesisir Lampung*. Publicação Proyek Pesisir. Relatório técnico do Centro de Recursos Costeiros, Universidade de Rhode Island, Jacarta, Indonésia. 28 hal.

Priyono, A. 2001. *Lumba-lumba di Indonesia*. Fakultas Kehutanan Institut Pertanian Bogor, Bogor; The Gibbon Foundation, Jakarta; PILI_NGO Movement, Bogor. 26 hlm.

Faizah, R., Dharmadi, F.S.Purnomo. 2006. *Distribusi dan Kepadatan Lumba-Lumba Stenella longirostris di Laut Sawu, Nusa Tenggara Timur*. Jurnal Penelitian Perikanan Indonesia. Vol. 12 No.3. Pusat Riset Perikanan Tangkap. Jakarta:175-181.

Silva JR. J.M., Flávio J.D.L.Silva, C.Sazima, I.Sazima. 2007. *Relação trófica do golfinho-rotador no Arquipélago de Fernando de Noronha, SWAtlântico*. Scientia Marina 71(3). Barcelona Espanha:506-511

Centro de Investigação de Golfinhos. 2004. All About Dolphins. http://www.dolphin.org/learn/

CAPÍTULO 3

# COMPORTAMENTO E ECOLOCALIZAÇÃO DOS GOLFINHOS ROAZES DO INDO-PACÍFICO MACHOS

Por : Muhammad Zainuddin Lubis B.Sc

## 3.1 Comportamento

Os golfinhos roazes, Tursiops truncatus e Tursiops aduncus, são as espécies de pequenos cetáceos mais susceptíveis de serem expostos ao turismo (Samuels et al., 2003). Apesar da distribuição global das espécies, estas encontram-se frequentemente em populações isoladas que se distribuem ao longo de áreas discretas da linha costeira (Connor *et al.* 2000). Dado que são mamíferos de vida longa (40-50 anos; Connor et al., 2000), as populações que incluem indivíduos com áreas de distribuição limitadas podem ser regularmente expostas ao turismo. A investigação sobre mamíferos expostos ao turismo mostrou que estes se habituam ou toleram a presença humana benigna, por exemplo, os chimpanzés, Pan troglodytes, (Johns 1996) e as baleias cinzentas, Eschrichtius robustus, (Jones e Swartz 1984). No entanto, se os animais percepcionarem uma situação como ameaçadora, é mais provável que fiquem sensibilizados para a presença humana.

O roaz-corvineiro, a espécie de golfinho mais conhecida, é um animal social. Vive em pequenos grupos e, por vezes, em cardumes maiores. Caçam juntos e, por vezes, partilham a responsabilidade de criar as crias. Este comportamento social é provavelmente a chave para a sobrevivência de muitas espécies de golfinhos. Para compreender melhor o comportamento dos golfinhos em geral, é necessário compreender a dinâmica da vida em grupo.

Os golfinhos roazes alimentam-se de uma grande variedade de peixes e cefalópodes (como as lulas) e, ocasionalmente, de camarões, pequenas raias e tubarões. Empregam um repertório diversificado de comportamentos alimentares, incluindo estratégias de alimentação solitária e social. Algumas destas estratégias incluem:

• alimentação em terra firme nos riachos de maré da Carolina do Sul e da Geórgia, onde os golfinhos perseguem cardumes de tainhas até aos bancos de lama e fazem praia para apanhar os peixes

• alimentação na cratera, em que os golfinhos utilizam a ecolocalização para detetar as presas debaixo da areia e as escavam com os seus rostros

• "bater" nos peixes com a barbatana caudal para os atordoar

• circulando cardumes inteiros de peixes enquanto um golfinho de cada vez se aproxima para se alimentar

• alimentação cooperativa com humanos; numa cidade chamada Laguna, no Brasil, os golfinhos e os pescadores humanos desenvolveram uma estratégia de alimentação em que os golfinhos reúnem cardumes de peixes nas redes dos pescadores. Os pescadores esperam por um sinal dos golfinhos para lançar as suas redes na altura certa; os pescadores levam para casa uma grande quantidade de peixe, enquanto os golfinhos se alimentam dos peixes desorientados que escapam às redes. Esta relação existe desde 1847, com os humanos e os golfinhos a transmitirem os seus conhecimentos ao longo de gerações.

Por fim, alguns indivíduos em Shark Bay, na Austrália, foram observados a transportar esponjas nos seus rostros; a hipótese é que possam usar a esponja para proteger o seu rostro enquanto procuram alimento no fundo. Se assim for, este é o primeiro caso observado de utilização de ferramentas por golfinhos selvagens.

Os mamíferos marinhos "vocalizam" de várias formas, cada uma delas adequada a um determinado comportamento ou situação. Os golfinhos, por exemplo, apresentam dois tipos principais de vocalização: cliques (~80K) e assobios= '3) ^(~120K). Os "cliques" são utilizados na ecolocalização para encontrar comida. Cada golfinho individual também tem uma série de assobios (como um código Morse) distinta de qualquer outro membro do grupo, chamada "assobio caraterístico". Este assobio caraterístico distingue um indivíduo, proporcionando uma forma de os golfinhos reconhecerem e criarem laços com outros.

## 3.2    Ecolocalização

Os golfinhos e outras baleias dentadas localizam alimentos e outros objectos no oceano através da ecolocalização. Na ecolocalização, produzem impulsos curtos de largo espetro que nos soam como "cliques". Estes "cliques" são reflectidos a partir de objectos de interesse para a baleia e fornecem-lhe informações sobre as fontes de alimento. Os mamíferos marinhos têm de canalizar estes estalidos para localizar com precisão os objectos. Esta canalização é auxiliada por depósitos de gordura localizados na caixa cerebral das baleias dentadas. Nos cachalotes, estes podem pesar muitas toneladas. Este depósito de gordura noutras baleias com dentes, chamado melão, é mais pequeno. Outro grande depósito de gordura, localizado na mandíbula inferior, está estrategicamente colocado atrás de uma área da mandíbula onde o osso é muito fino. Este depósito tem uma composição semelhante e estende-se até à região do ouvido médio. Quando o animal emite os sons de ecolocalização, estes são focados num feixe direcional pelo melão.

Os golfinhos utilizam o sistema de sonar chamado ecolocalização como seu sensor primário, porque a acústica é o meio mais eficaz e eficiente de comunicar no ambiente aquático. O golfinho transmite sinais acústicos a partir da cavidade nasal na cabeça e recebe um reflexo da mandíbula inferior. O reflexo permite aos golfinhos determinar a forma, o tamanho, a textura e a distância do objeto. Isto é muito útil como instrumento de navegação, para encontrar presas e predadores. A duração do som, o comprimento de onda, a amplitude, a frequência, o intervalo e os diferentes padrões sonoros são transmitidos para diferentes objectivos. O carácter do som produzido pelo golfinho pode ser utilizado diretamente como uma técnica de terapia para crianças com problemas psicológicos ou atraso mental ou autismo e para doentes com AVC.

Os golfinhos desenvolveram a capacidade de utilizar a ecolocalização, frequentemente conhecida como sonar, para os ajudar a ver melhor debaixo de água. Os cientistas acreditam que esta capacidade terá provavelmente evoluído lentamente ao longo do tempo. A ecolocalização permite que os golfinhos "vejam" interpretando os ecos das ondas sonoras que rebatem nos objectos que se encontram perto deles na água.

Para localizar objectos nas proximidades, os golfinhos produzem cliques de alta frequência. Estes cliques criam ondas sonoras que viajam rapidamente através da água à sua volta. De facto, as ondas sonoras viajam quase cinco vezes mais depressa através da água do que através do ar. Quando as ondas sonoras ricocheteiam nos objectos, regressam aos golfinhos sob a forma de ecos. Os golfinhos captam esses ecos com o seu maxilar inferior e a sua enorme testa. Estas áreas têm cavidades cheias de tecido adiposo que canalizam os sons para os ouvidos e depois para o cérebro, onde são interpretados.

Então, o que é que os golfinhos conseguem "ver" exatamente através destes ecos? Muito! Usando uma combinação de visão normal e ecolocalização, os golfinhos são capazes de determinar a forma, velocidade, distância, tamanho, direção de viagem e até alguns factos básicos sobre a estrutura interna dos objectos na água à sua volta. Esta informação é fundamental para os golfinhos encontrarem comida e navegarem em águas escuras ou turvas. A ecolocalização foi estudada em profundidade pelo famoso explorador marinho e cientista Jacques Cousteau há mais de 60 anos. Apesar de anos de estudo, os cientistas ainda não compreendem totalmente os mecanismos complexos que permitem aos golfinhos aprender tanto sobre o que os rodeia através da ecolocalização. Os cientistas do futuro continuarão a explorar os mistérios da ecolocalização, numa tentativa de compreender melhor este fascinante sistema sensorial.

As baleias dentadas (incluindo os golfinhos) desenvolveram uma capacidade sensorial notável, utilizada para localizar alimentos e para a navegação subaquática, chamada ecolocalização. As baleias-de-dentes produzem uma variedade de sons movendo o ar entre os espaços aéreos ou seios da cabeça. Os sons são reflectidos ou ecoados pelos objectos e pensa-se que são recebidos por um canal cheio de óleo na mandíbula inferior e conduzidos para o ouvido médio do animal.

Quando nadam normalmente, os sons emitidos são geralmente de baixa frequência; os ecos destes sons fornecem informações sobre o fundo do mar, as linhas de costa, os obstáculos submarinos, a profundidade da água e a presença de outros animais debaixo de água. Uma teoria recente sugere que os sons focados de intensidade muito elevada podem ser utilizados para atordoar ou desorientar as presas durante a caça. A ecolocalização é extremamente sensível e alguns cientistas pensam que pode proporcionar às baleias dentadas e aos golfinhos uma visão tridimensional do mundo. Pensa-se que os assobios, estalidos, gemidos e outros ruídos produzidos por muitas baleias de dentes são também importantes para a comunicação entre indivíduos.

A ecolocalização evoluiu como a modalidade sensorial primária tanto nas baleias dentadas como nos morcegos. Desde a descoberta da ecolocalização em morcegos na década de 1930 (resumida por Griffin, 1958) e em golfinhos nas décadas de 1950 e 1960, este sistema sensorial tem sido objeto de intensa investigação científica, tanto no terreno como em laboratório. Os morcegos e golfinhos treinados em cativeiro foram estudados para quantificar as suas capacidades de audição, deteção e discriminação de alvos (Supin *et al.* 2001). Estas descobertas foram complementadas com gravações acústicas e estudos comportamentais de animais, tanto em cativeiro como no campo, com um enfoque principal na forma como a ecolocalização é utilizada quando o animal está parado ou a aproximar-se de alvos, e na quantificação dos tipos de sinais de ecolocalização utilizados em diferentes circunstâncias (por exemplo, Jakobsen e Surlykke, 2010).

Nos estudos de campo dos sinais de ecolocalização, podem ser obtidos dados de animais em condições naturais para as quais o seu sonar evoluiu. Contudo, nos estudos de campo, o controlo experimental é limitado ou inexistente para testar caraterísticas específicas da ecolocalização. Por conseguinte, são necessários estudos laboratoriais cuidadosamente concebidos para compreender as funções básicas da ecolocalização, tais como as capacidades de audição e de deteção de alvos do animal. Por outro lado, no laboratório existe sempre a dúvida de saber se os animais treinados e bem alimentados utilizarão o seu sonar de uma forma representativa dos animais em liberdade. Os estudos efectuados tanto em cativeiro como no terreno são, por conseguinte, importantes para a nossa compreensão da ecolocalização animal e da sua evolução.

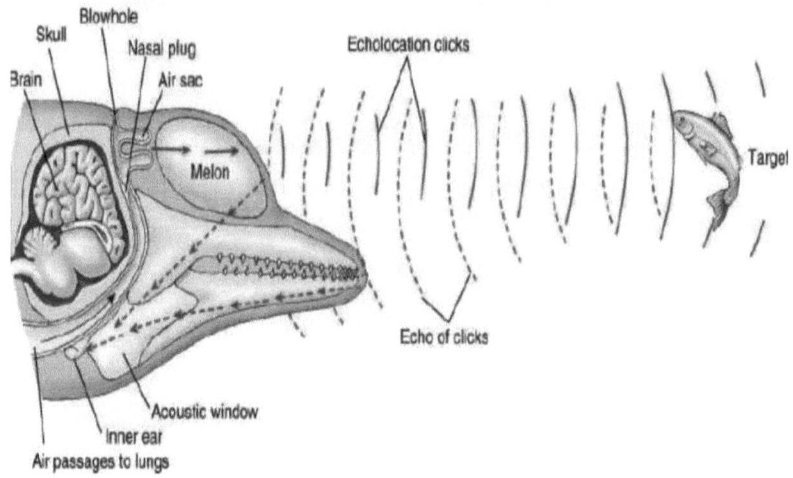


**Figura 1** Escolocação de golfinhos roazes indo-pacíficos machos

Entre as baleias dentadas, os golfinhos roazes em cativeiro têm sido o objeto de estudo preferido nos últimos 60 anos (Au, 1993). Os roazes, que estão agrupados nas espécies do Atlântico (Tursiops truncatus) e do Oceano Índico (Tursiops aduncus), adaptam-se bem ao cativeiro e são ideais para serem treinados utilizando métodos de reforço positivo. A T. truncatus foi a primeira espécie de baleia dentada em que a biossonaridade foi inequivocamente demonstrada (Norris *et al.* 1961). Desde então, tem havido uma grande variedade de estudos sobre as capacidades auditivas e o desempenho biosonar dos golfinhos roazes (revisto por Au, 1993, e Supin *et al.,* 2001, e Lubis *et al.*2015).

Estudos posteriores de laboratório e de campo mostraram que os golfinhos não só modulam os seus níveis de fonte de cliques e o conteúdo de frequência, mas também os seus intervalos entre cliques. Estas caraterísticas dependem da tarefa de ecolocalização, da distância até ao alvo, do nível de ruído de fundo e da quantidade de ruído (Ibsen *et al.* 2010). A direção e a largura do feixe transmitido podem ser alteradas para facilitar a deteção de alvos ligeiramente afastados do golfinho.

# REFERÊNCIAS

Samuels, A., Bejder, L., Constantine, R., Heinrich, S., 2003. A review of swimming with wild cetaceans with a special focus on the Southern Hemisphere. In: Gales, N., Hindell, M., Kirkwood, R., (Eds.), Marine Mammals and Humans: Towards a Sustainable Balance. CSIRO Publishing, Collingwood, Austrália.

Connor, R.C., Wells, R.S., Mann, J., Read, A.J., 2000. O golfinho roaz: relações sociais numa sociedade de fissão-fusão. In: Mann, J., Connor, R.C., Tyack, P.L., Whitehead, H. (Eds.), Cetacean Societies: Field Studies of Dolphins and Whales. The University of Chicago Press, Chicago, pp. 91126.

Johns, B.G., 1996. Responses of chimpanzees to habituation and tourism in the Kibale Forest, Uganda. Biological Conservation 78, 257-262.

Jones, M.L., Swartz, S.L., 1984. Demografia e fenologia das baleias-cinzentas e avaliação das actividades de observação de baleias na Laguna San Ignacio, Baja California Sur, México. In: Swartz, S.L., Leatherwood, S. (Eds.), The Gray Whale. Academic Press, Orlando, Florida, pp. 309-374.

Griffin, D. (1958). Listening in the Dark, 2ª ed. (Yale University Press, New Haven, CT).

Supin, A. Ya., Popov, V. V., e Mass, A. M. (2001). The Sensory Physiology of Aquatic Mammals (Springer, Nova Iorque).

Jakobsen, F., e Surlykke, A. M. (2010). "Os morcegos Vespertilionit controlam a largura do seu feixe sonoro biosonar de forma dinâmica durante a perseguição de presas", Proc. Nat. Acad. Sci. U.S.A. 107(31), 13930-13935.

Au, W. W. L. (1993). The Sonar of Dolphins (Springer, Nova Iorque).

Norris, K. S., Prescott, J. H., Asa-Dorian, P. V., e Perkins, P. (1961). "An experimental demonstration of echolocation behaviour in the porpoirs, Tursiops truncatus (Montagu)," Biol. Bull. 120, 163-176.

Lubis, M.Z, Pujiyati.Sri, Hestirianoto.Totok. 2015.Bioacoustic Characteristic of Male Dolphins Bottle Nose *(Tursiops aduncus )*. Revista Internacional de Engenharia Científica e Tecnologia ISSN:2277-1581,Volume No.5 Edição No.1, pp: 44-49.

Ibsen, S. D., Au, W. W. L., Nachtigall, P. E., DeLong, C. M., e Breese, M. (2010). "Alterações nos padrões de consistência do conteúdo de frequência de cliques ao longo do tempo de um golfinho roaz do Atlântico ecolocalizador", J. Acoust. Soc. Am. 127(6), 3821-3829.

# CAPÍTULO 4

# CARACTERÍSTICAS BIOACÚSTICAS DO SOM DE CLIQUE DOS GOLFINHOS ROAZES DO INDO-PACÍFICO *(TURSIOPS ADUNCUS )* MACHOS EM CATIVEIRO NA INDONÉSIA

Por : Muhammad Zainuddin BSc, Pratiwi Dwi Wulandari BSc ,

Dr. Sri Pujiyati

## 4.I. Introdução

No mundo da pesca, os métodos acústicos passivos são aplicados para monitorizar os mamíferos marinhos e outros biota no mar [14]. Os sinais obtidos a partir do registo do som dos mamíferos marinhos são muito fracos, pelo que requerem amplificação e são difíceis de determinar a direção do som. Passivo é o som derivado de animais alvo [13]. O conceito de acústica passiva realizada em mamíferos marinhos consiste em detetar um som quando os mamíferos se encontram na zona de medições no âmbito do ambiente do gravador. A medição de é feita com recurso a software e também com escuta. Um método de passividade acústica também é utilizado pelo serviço militar odibidang no desenvolvimento de um sistema de segurança de atacantes debaixo de água no estuário, através da gravação do som que é emitido pelo mergulho [4].

A bioacústica é o conhecimento que combina a biologia e a acústica e que normalmente se refere à investigação sobre a produção do som, a dispersão através de um meio elástico, e a aceitação em animais, incluindo os humanos [18]. Mas porque a ciência da acústica cresceu muito para os golfinhos, os investigadores anteriormente vinham exercendo registos e análises de vocalização [16]. O presente estudo tem como objetivo analisar e distinguir caraterísticas sonoras de um clique de golfinhos machos nariz de garrafa *(Tursiops aduncus)* na piscina de quarentena, através da utilização do método bioacústico e observar comportamentos de golfinhos machos nariz de garrafa *(Tursiops aduncus)*.

O comportamento auditivo dos mamíferos marinhos é medido fisiologicamente no sujeito com a utilização de um audiómetro ou de uma técnica de elektro descrita [8]. Para as espécies não se aprende com o audiómetro vivo. Com algumas caraterísticas da audição podem ser previstas com base na frequência dos resultados da produção do som efectuada sobre a observação dos sons caraterísticos bem como se têm ou não resposta comportamental em animais treinados, por exemplo [5]; ou a audição morfológica, incluindo o traço da biomecânica da basilar e a caraterística de outros sons [20]. Um pouco conhecido demais o som tem tipo yelping *(estouro)*, caraterística espetral, temporal e de amplitude de um pulso sonoro agudo do tipo o som de um clique muito pouco explorado. Quanto à descrição inicial na literatura, a maior parte dela tem valor qualitativo, que reflecte a interpretação auditiva subjectiva e a classificação auditiva em humanos [2]. O som de um clique é geralmente utilizado para fins de ecolocalização, enquanto que o som de um assobio desempenha um papel importante na comunicação interna e entre grupos [1]. Um assobio que continua indefinidamente, emitindo sinais de frequência [15], com várias emissões amplas de 800 Hz e 28,5 KHz [9], muitas vezes existem componentes harmónicos [15]. Na audição dos golfinhos varia entre cerca de 50 Hz-150 KHz, com a variação de mais entre espécies [9].

## 4.2    Ferramentas e material

Os instrumentos e materiais utilizados na metodologia foram um hidrofone SQ3, um termómetro hg para medir a temperatura da água; um refratómetro para medir a salinidade da água; hidrofones Dolphin EAR 100 (número de série DE989505) como sensores para a câmara de som subaquática e uma câmara de som subaquática gopro hero 3+ para registar visualmente o movimento dos golfinhos. O software Matlab, Raven Pro ver 1.5 (Cornell Laboratory of Ornothology) e Wavelab foram utilizados para analisar os dados recolhidos. Material utilizado por 2 a cauda de um golfinho nariz de garrafa macho. Os dados recolhidos a partir da observação de golfinhos na piscina de investigação que é a piscina de quarentena e fazer o processamento de com a utilização de software que é wavelab e dados que tinham sido depositados em wavelab serão realizados filtros com o corte dos dados importantes que é som realmente o golfinho.

Executámos uma análise da densidade espetral de potência (Matlab). Esta ferramenta converte o ruído proveniente do interior da água em sinais eléctricos, que podem depois ser amplificados, analisados ou reproduzidos no ar [19]. O hidrofone tem normalmente a forma de uma placa cerâmica piezo-eléctrica [18]. A normalização do hidrofone para efeitos de bioacústica emitida pela Bioacoustic Inc. é a seguinte Limita uma gama de frequências fornecida foi a frequência dos sons que podem ser ouvidos normalmente usando auriculares. Se utilizarmos o software wavelab para gravar o som diretamente do ouvido do golfinho, o limite inferior das frequências que podem ser detectadas será mais baixo, podendo atingir vários hz, e o limite superior de uma frequência que pode ser detectada pode atingir mais de 22 KHz.

## 4.3    Transformada de Fourier

A base da frequência caraterística de um sinal é a transformada de Fourier [3]. A transformada rápida de Fourier (FFT) é um algoritmo para contar a transformada discreta de Fourier (DFT). A função de uma transformada de Fourier geral é encontrar a frequência e os componentes do sinal que estão escondidos pelo ruído no domínio do sinal de tempo [10]:

$$S = fft(y) \tag{1}$$

$$S = fft(y,n) \tag{2}$$

A forma das ordens (1) e (2) é praticamente a mesma, ou seja, contar a DFT do vetor x, só que na ordem de (2) trono com a utilização do parâmetro FFT (n).

## 4.4    Densidade Espectral de Potência

A frequência de uma onda é naturalmente determinada pela fonte de frequência. A velocidade da onda através de um meio é determinada pelas propriedades do meio. Uma vez determinada a frequência (f) e a velocidade do som (v) da onda, define-se o comprimento de onda (X). Com a relação $f = 1 / T$ pode obter-se a equação (3).

$$\lambda = \frac{v}{f} \tag{3}$$

Porque o estudo utilizou a velocidade do som no meio líquido, ou seja, a água do mar. Então a velocidade do som no ar é denotada por (v) pode ser alterada com a velocidade do som na água que é denotada por (C), de modo que a equação (4).

$$\lambda = \frac{C}{f} \tag{4}$$

A densidade espetral de potência (PSD) é definida como a magnitude da potência por intervalos de frequência, sob a forma de matemática [3]:

$$PSD = \frac{|Xn|^2}{f} \dots \dots \left( \frac{(Amplitudo)^2}{Hz} \right) \tag{5}$$

O cálculo do psd em matlab utiliza o método de welch [10], nomeadamente procurando a DFT (com base em contas com algoritmos FFT), elevando depois ao quadrado o valor da magnitude.

## 4.5 Resultados e quadros

O som dos mamíferos (golfinhos) a que se refere esta investigação é o ruído que deriva do crânio dos golfinhos [22], o som é uma coisa muito importante para o comportamento enquanto comunicam com vários tipos de peixes e de acordo com [7] os mamíferos podem emitir vários votos de amplitude para comunicar em troca de informação. A voz também resulta do impacto de comportamentos como comer, deslocar-se, fugir do inimigo e reprodução (sexualidade e aumento de fase) [16]. A partir dos dados de registo do som, os golfinhos nariz de garrafa *(Tursiops truncatus)* têm três tipos de voz diferentes.

**Quadro 1** Frequência da intensidade antes de comer no primeiro dia

| Sound click | Max intensity (dB) | Min intensity (dB) | Range freq. (kHz) | Range intensity (dB) |
|---|---|---|---|---|
| 1 | 29.38 | 18.43 | 16.709 | 18.43 |
| 2 | 28.86 | 17.78 | 16.709 | 11.08 |
| 3 | 28.00 | 17.75 | 16.709 | 10.25 |
| 4 | 28.17 | 18.03 | 16.709 | 10,14 |

Com base na Tabela 1 acima, que é uma tabela de relação entre a frequência e a intensidade dos golfinhos machos antes de comer no primeiro dia, com uma frequência máxima de 21,963 kHz. O clique 1 tem uma intensidade mínima de 18,43 dB e a intensidade máxima é de 29,38 dB. Ao som dos golfinhos o clique 2 tem uma intensidade mínima de 17,78 dB e uma intensidade máxima de 28,86 dB. No clique 3 a intensidade mínima é de 17,75 dB e a intensidade máxima de 28,00 dB. No clique 4 a intensidade mínima é de 18,03 dB e a intensidade máxima é de 28,17 dB. A intensidade mínima mais elevada no clique 1 é de 18,43 dB e uma intensidade mínima baixa aos 3 cliques enquanto que a intensidade mínima é de 17,75 dB e uma intensidade máxima baixa aos 3 cliques é de 28,00 dB e a intensidade máxima mais elevada de 29,38 dB no clique 1. A frequência da intensidade dos golfinhos machos depois de comerem no primeiro dia pode ser vista na (Tabela 2).

**Quadro 2** Frequência da intensidade após a alimentação no segundo dia

| Sound click | Max intensity (dB) | Min intensity (dB) | Range freq. (kHz) | Range intensity (dB) |
|---|---|---|---|---|
| 1 | 28.90 | 18.41 | 16.709 | 10.49 |
| 2 | 28.14 | 18.08 | 16.709 | 10.06 |
| 3 | 26.40 | 17.89 | 16.709 | 8.51 |
| 4 | 29.06 | 17.68 | 16.709 | 11.38 |

Com base na Tabela 2 acima, que é uma tabela de relação de frequência para a intensidade dos golfinhos machos após o jantar no dia 1 com uma frequência máxima de 21,963 kHz. O clique 1 tem uma intensidade mínima de 18,41 dB e a intensidade máxima é de 28,90 dB. Ao som dos golfinhos o clique 2 tem uma intensidade mínima de 18,08 dB e uma intensidade máxima de 28,14 dB. No clique 3 intensidade mínima de 17,89 dB e intensidade máxima de 26,40 dB. No clique 4 a intensidade mínima tem 17,68 dB e a intensidade máxima 29,06 dB. A intensidade mínima mais alta no clique 1 é de 18,41 dB e a intensidade mínima mais baixa no clique 4 é de 17,68 dB e a intensidade máxima, enquanto a intensidade mínima nos 3 cliques é de 26,40 dB e a intensidade máxima mais alta de 29,06 dB no clique 4. A frequência da intensidade dos golfinhos machos antes de comer no segundo dia pode ser vista na (Tabela 3).

**Quadro 3** Frequência da intensidade antes de comer no segundo dia

| Sound click | Max intensity (dB) | Min intensity (dB) | Range freq. (Hz) | Range intensity (dB) |
|---|---|---|---|---|
| 1 | 26.43 | 23.15 | 16709.77 | 3,26 |
| 2 | 28.70 | 22.42 | 16709.77 | 6,28 |
| 3 | 26.12 | 23.07 | 16709.77 | 3,05 |
| 4 | 26.37 | 23.05 | 16709.77 | 3,32 |

Com base na Tabela 3, antes de alimentar a piscina de quarentena no segundo dia, com uma frequência máxima de 21963,87 Hz. A intensidade mínima dos cliques 1 tem uma intensidade de 23,15 dB e a intensidade máxima é de 26,43 dB. Enquanto o som de um golfinho clica 2 tem uma intensidade mínima de 22,42 dB. A intensidade máxima de 28,70 dB, e o som de um golfinho clica 3 tem uma intensidade mínima de 23,07 dB e um valor máximo de 26,12 dB. No clique 4 o valor mínimo de intensidade tem um valor de 23,05 dB e 26,37 dB tem a intensidade máxima. Podemos observar que a intensidade dos cliques do golfinho 1 tem uma intensidade mínima mais elevada é de 23,15 dB e a intensidade máxima é elevada nos cliques 2 é de 28,70 dB enquanto a intensidade mínima baixa nos cliques 2 é de 22,42 dB e a intensidade máxima mais baixa foi de 26,12 dB. A frequência da intensidade após a alimentação do segundo dia pode ser observada na (Tabela 4).

**Quadro 4** Frequência da intensidade após a refeição do segundo dia

| Sound click | Max intensity (dB) | Min intensity (dB) | Range freq. (Hz) | Range intensity (dB) |
|---|---|---|---|---|
| 1 | 28.62 | 23.25 | 16709.77 | 5,37 |
| 2 | 29.79 | 21.73 | 16709.77 | 8,06 |
| 3 | 32.56 | 23.15 | 16709.77 | 9,41 |
| 4 | 28.05 | 23.04 | 16709.77 | 5,01 |

Com base na Tabela 4, após a alimentação na piscina de quarentena no segundo dia, com uma frequência máxima de 21963,87 Hz. A intensidade mínima dos cliques 1 tem uma intensidade de 23,25 dB e a intensidade máxima é de 28,62 dB. Enquanto o som dos cliques de um golfinho 2 tem uma intensidade mínima de 21,73 dB e uma intensidade máxima de 29,79 dB. Ao som de um golfinho clica 3 tem uma intensidade mínima de 23,15 dB e um valor máximo de 32,56 dB. No clique do 4 a intensidade mínima tem um valor de 23,04 dB e 28,5 dB tem a intensidade máxima. Podemos observar que a intensidade dos cliques do golfinho 1 tem uma intensidade mínima mais elevada é de 23,25 dB e a intensidade máxima mais elevada no clique 3 é de 32,56 dB enquanto que a intensidade mínima mais baixa no clique 2 é de 21,73 dB e a intensidade máxima mais baixa foi de 28,5 dB no clique 4. A frequência da intensidade antes da alimentação do terceiro dia pode ser observada na (Tabela 5).

**Quadro 5** Frequência da intensidade antes de comer no terceiro dia

| Sound click | Max intensity (dB) | Min intensity (dB) | Range freq. (Hz) | Range intensity (dB) |
|---|---|---|---|---|
| 1 | 26.89 | 23.17 | 16709.77 | 3,72 |
| 2 | 29.50 | 23.16 | 16709.77 | 6,34 |
| 3 | 29.87 | 23.26 | 16709.77 | 6,71 |
| 4 | 27.84 | 22.82 | 16709.77 | 5,02 |

Com base na Tabela 5, a frequência e a intensidade antes de alimentar a piscina de quarentena no terceiro dia com uma frequência máxima de 21963,87 Hz. A intensidade mínima dos cliques 1 tem uma intensidade de 23,17 dB e a intensidade máxima é de 26,89 dB. Enquanto o som dos cliques de um golfinho 2 tem uma intensidade mínima de 23,16 dB e uma intensidade máxima de 29,50 dB. Ao som de um golfinho clica 3 tem uma intensidade mínima de 23,26 dB e um valor máximo de 29,87 dB. No clique de 4 a intensidade mínima tem um valor de 22,82 dB e 27,84 dB tem a intensidade máxima. Na faixa de intensidade antes da alimentação do dia 3 parece que o clique 1 tem uma intensidade de 3,72 dB, 6,34 dB no segundo clique, no clique 3 são 6,71 dB e 5,02 dB no clique 4. A frequência da intensidade após a alimentação do terceiro dia pode ser observada na (Tabela 6).

Quadro 6 Frequência da intensidade após a refeição do terceiro dia

| Sound click | Max intensity (dB) | Min intensity (dB) | Range freq. (Hz) | Range intensity (dB) |
|---|---|---|---|---|
| 1 | 31.15 | 22.66 | 16709.77 | 8,49 |
| 2 | 30.88 | 23.10 | 16709.77 | 7,78 |
| 3 | 26.05 | 23.47 | 16709.77 | 2,58 |
| 4 | 29.89 | 22.65 | 16709.77 | 7,24 |

Com base na Tabela 6, a frequência da intensidade após a alimentação na piscina de quarentena no terceiro dia com uma frequência máxima de 21963,87 Hz. A intensidade mínima dos cliques 1 tem uma intensidade de 22,66 dB e a intensidade máxima é de 31,15 dB. Enquanto o som dos cliques de um golfinho 2 tem uma intensidade mínima de 23,10 dB e uma intensidade máxima de 30,88 dB. Ao som de um golfinho clica 3 tem uma intensidade mínima de 23,47 dB e um valor máximo de 26,05 dB. No clique do 4 a intensidade mínima tem um valor de 22,65 dB e 29,89 dB tem a intensidade máxima. Podemos observar que a intensidade dos cliques do golfinho 3 tem uma intensidade mínima mais elevada é de 23,47 dB e a intensidade máxima alta no primeiro clique é de 31,15 dB enquanto a intensidade mínima baixa no clique 4 é de 22,65 dB e a intensidade máxima mais baixa foi de 26,05 dB no clique 3.

## 4.6    Caraterística do som dos golfinhos

O som é um elemento muito importante para o comportamento e para a comunicação de vários tipos de peixes [17] e os peixes podem emitir sinais sonoros de várias amplitudes para comunicar em troca de informações. A voz também resulta do impacto de comportamentos como comer, deslocar-se, fugir do inimigo e reproduzir-se (sexualidade e aumento de fase) [16]. O resultado desta investigação, sob a forma de um som derivado do software wavelab, foi realizado com anti-logs e misturado com o software matlab, de modo a produzir um gráfico da intensidade do som em função da frequência. A frequência de um som registado é de 5.200 - 22.000 Hz. Os dados são apresentados num gráfico que vai do ping 62 ao ping 195. O espetro do clique sonoro pode ser visto na figura 1-5, e os gráficos das relações entre a frequência e a intensidade antes de uma refeição no primeiro dia, no segundo dia, no terceiro dia e depois de comer no segundo dia, no terceiro dia podem ser vistos na figura 6

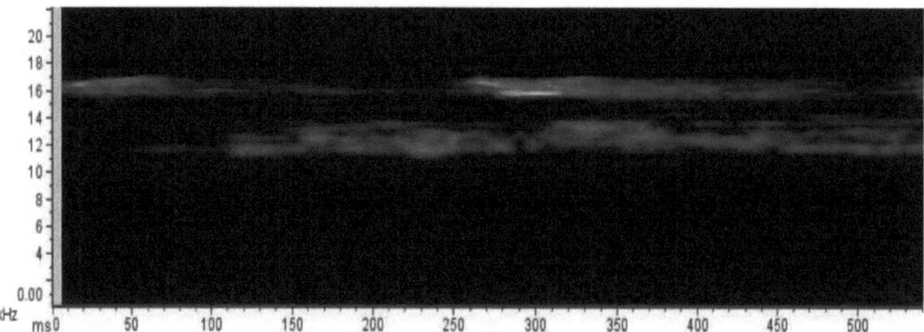

**Figura 1** Espectro do clique sonoro antes de comer golfinhos machos do primeiro dia.*(Tursiops aduncus)*

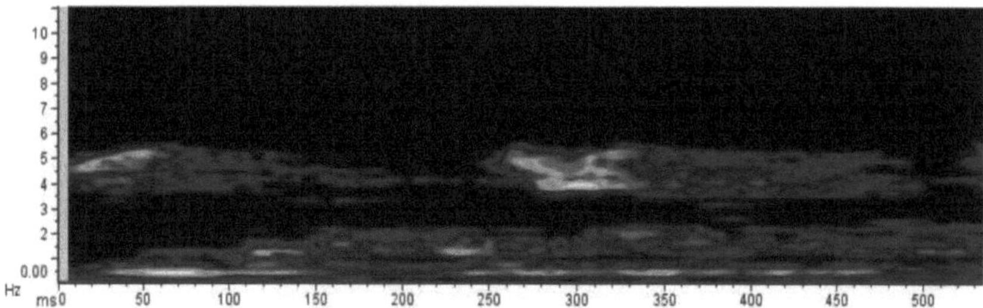

**Figura 2** Espectro do clique sonoro antes de comer golfinhos machos *(Tursiops aduncus)* de segundo dia.

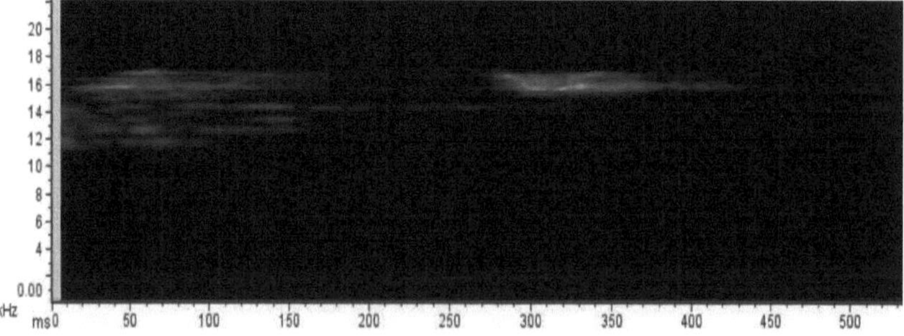

**Figura 3** Espectro do som do clique antes de comer golfinhos machos do terceiro dia*(Tursiops aduncus)*

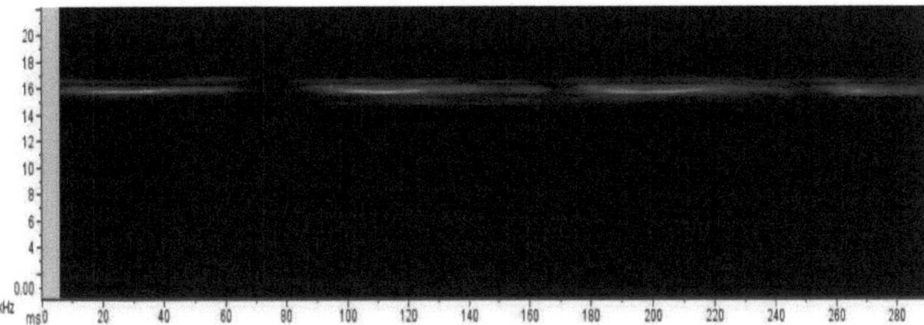

**Figura 4** Espectro do som do clique depois de comer golfinhos machos do
segundo dia*(Tursiops aduncus)*

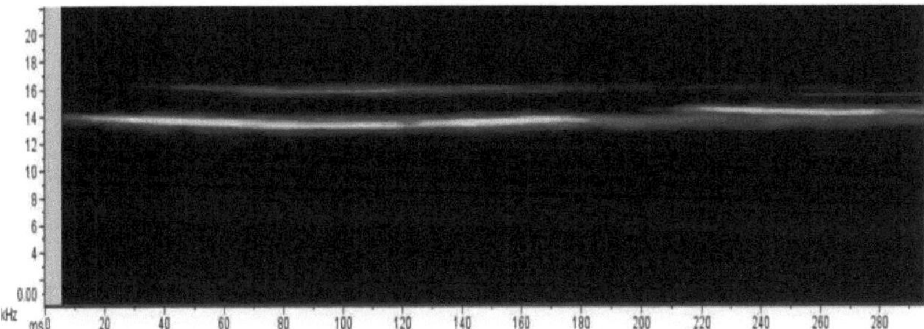

**Figura 5** Espectro do clique sonoro depois de comer golfinhos machos do
terceiro dia *(Tursiops aduncus)*

No resultado do espetro (Figura 1), o sinal mais forte presente nos dados é de 250-300 ms, no resultado do espetro (Figura 2), o sinal mais forte é de 250-300 ms, no resultado do espetro (Figura 3), o sinal mais forte é de 550-650 ms, no resultado do espetro (Figura 4), o sinal mais forte é de 1000-140 ms, e o resultado do espetro (Figura 5) mostra que o som ou sinal apresentado no espetro é maioritariamente azul claro e muito vistoso, o que se verifica no espetro sonoro depois de comer no segundo dia em 300 ms com sons longos, nomeadamente em 350 ms, sendo o sinal do espetro mais forte em 220-280 ms.

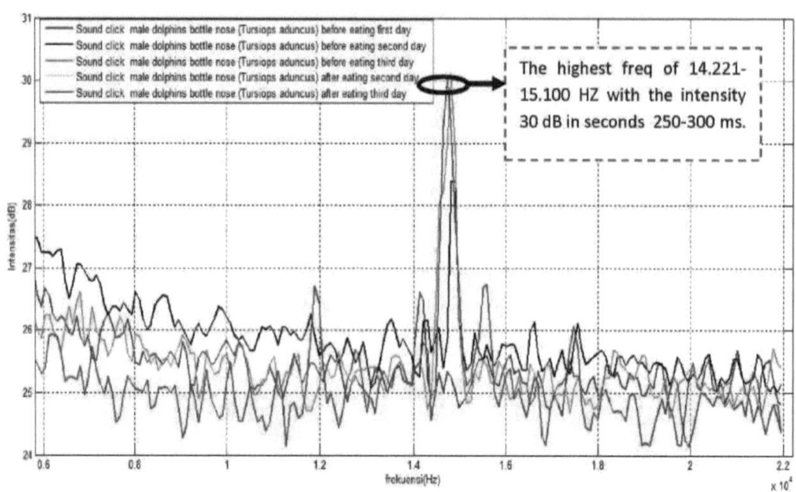


**Figura 6** Frequência das relações em relação à intensidade antes de comer nos dias 1, 2 e 3 e depois de comer nos dias 2 e 3.

Com base nos gráficos de relações de frequência a intensidade dos golfinhos machos no momento antes e depois de comer (Figura 6) com apenas uma frequência máxima de 22.000 Hz. Os dados da frequência de cliques dos botos machos na piscina de quarentena antes de uma refeição no primeiro dia são apresentados num gráfico azul. Dados da frequência de cliques de botos machos na piscina de quarentena antes de uma refeição no segundo dia em preto. Dados relativos à frequência de cliques de golfinhos machos na piscina em quarentena antes de uma refeição do dia 3 com código de cores verde . Dados da frequência dos golfinhos cliques machos na piscina em quarentena após uma refeição do segundo dia marcados a amarelo. Mostra a frequência máxima de 22.000 Hz e com a intensidade inicial de 28 dB e o valor da intensidade final de 24,82 dB. Intensidade do clique 1 dos golfinhos tendo intensidade inicial mais elevada 25,73 dB e intensidade do final do clique 3 nomeadamente 24,83 db. Enquanto que no som dos botos o clique 2 tem intensidade inicial 24,22 dB.Intensidade final 23,57 dB, e no som dos botos o clique 3 tem intensidade inicial 23,83 dB enquanto que o valor final é 24,77 dB. com base num gráfico de relações de frequência para intensidade golfinhos machos após alimentação num dia a 3 com apenas uma frequência máxima 22000 Hz. Com base no quadro 8, após a alimentação no dia a 3, a intensidade do som dos golfinhos é precoce no clique 1 com 23,59 dB e a intensidade final de 24,23 dB, enquanto no clique 2 os golfinhos votam com intensidade precoce de 24,73 dB e a intensidade final de 24,78 dB. No clique 3 a intensidade é precoce nomeadamente 24,60 dB e a intensidade do final 2,77 dB. O valor da intensidade após a alimentação no click 3 e no click 4 tem o mesmo valor, o que pode ter sido devido ao facto de ter recebido o mesmo som, o que pressupõe que o som do golfinho macho é o mesmo, quando comparado com o voto antes de comer. Os golfinhos machos com nariz de garrafa conservados em cativeiro na Indonésia, cisarua bogor, têm uma frequência de sons de clique com a intensidade mais elevada de 32 dB com um som de clique 3 após a alimentação num dia para 2 que se encontra na gama de frequências nomeadamente 14.000-16.000 Hz.

A intensidade mais baixa é de 28,03 dB e a mais alta é de 32,01 dB, e segundo [11] de sinais acústicos que é para os golfinhos nomeadamente pela gama 20 KHz. A análise para explorar os sinais de comunicação ultra-sónicos na frequência da origem da gravação do som apito e eles som foram obtidos a partir de dois factores que é geralmente estuda espécie do golfinho. As condições e os parâmetros ambientais (salinidade e temperatura) afectam grandemente o valor da intensidade e da frequência gerada a partir do alvo, quanto mais extremo for um ambiente, mais baixo será o valor da intensidade e da frequência gerada [12].

## 4.7    O comportamento dos golfinhos na piscina de quarentena

Os resultados do registo do comportamento depois de comer peixe (com uma câmara a observar o peixe a dominar deitado à superfície no momento depois de comer e antes de comer estão nas águas da base e da coluna na natação (Figura 7).

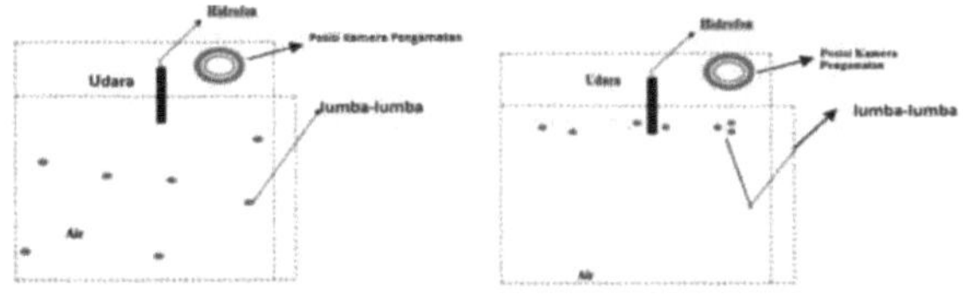


**Figura 7** Posição dos golfinhos antes de comer (esquerda) e depois de comer (direita)

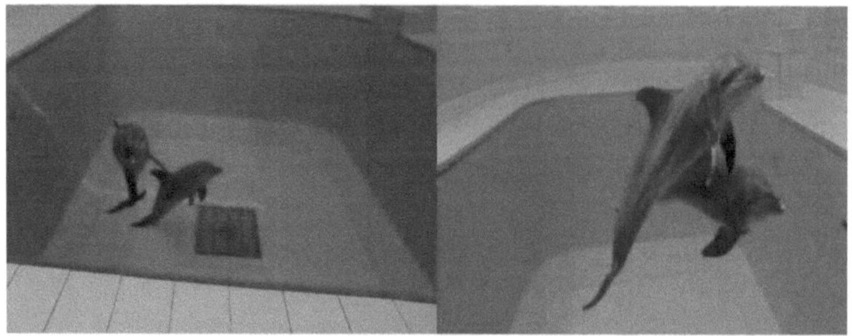

**Figura 8** Posição da imagem dos golfinhos antes de comer (esquerda) e depois de comer (direita)

Nas Figuras 7 e 8 pode ver-se que os golfinhos tendem a estar à superfície nos lagos? no momento após a alimentação e no momento antes da alimentação os golfinhos tendem a estar na base da coluna, o que mostra que o tratamento após a alimentação dos golfinhos tem muita influência no comportamento e resultará numa frequência sonora alta e fraca resultante dos golfinhos.

## 4.8    Conclusão

O valor da intensidade de som mais elevado obtido ao som de depois de comer no segundo dia com a sua intensidade de 32,01 dB e o valor da intensidade mais baixo de antes de comer no primeiro dia. Os golfinhos tendem a estar algures numa piscina de água antes de comer e os golfinhos estavam sempre sentados à superfície da lagoa no momento depois de comer. A frequência do som de clique dos golfinhos machos *(Tursiop aduncus)* em cativeiro na Indonésia é de 13,211-15,245 Hz.

## 4.9    Agradecimentos

Expresso os meus sinceros agradecimentos aos revisores pelas suas valiosas sugestões para melhorar o artigo na sua forma atual. Os autores agradecem ao cativeiro na Indonésia, em Bogor, que já permitiu aos autores a recolha de dados durante a investigação. Os autores agradecem também aos professores Dr. Ir Sri Pujiyati, M.Sc , Dr. Ir. Totok Hestirianoto, M.Sc e aos meus colegas de investigação Pratiwi Dwi Wulandari BSc no Departamento de Ciências e Tecnologias Marinhas da Universidade

Agrícola de Bogor.

## REFERÊNCIAS

1.      Azzolin, M. Papale, E., Lammers, M. O. Gannier, A., & Giacoma, C. 2013. Variação geográfica dos assobios do golfinho-riscado (Stenella coeruleoalba) no Mar Mediterrâneo. The Journal of the Acoustical Society of America, 134, 694.

2.      Bebus Sara. E & Herzing L. Denise Similaridade entre as assinaturas de assobio da mãe e da prole e padrões de associação em golfinhos-pintados do Atlântico (Stenella frontalis) Scinow Publications Ltd. ABC 2015, 2(1):71-87 Comportamento e Cognição Animal.

3.      Brook, D. e R.J. Wynne. 1991. Signal Processing: Principples and Applications. Edward Arnold, uma divisão da Hodder and Stoughton Limited, Mill Road, Dunton Green. Grã-Bretanha.

4.      Borowski, B., Alexander S., Heui-Seol R., Bunin, Barry. 2008. Deteção passiva de ameaças acústicas em ambientes estuarinos. Instituto de Tecnologia Stevens: Laboratório de Segurança Marítima. Proc. da Sociedade de Engenheiros de Instrumentação Fotográfica, Vol. 6945 694513.

5.      Erbe, C. 2002 . Hearing abilities of baleen whales (Relatório do contratante #DRDC Atlantic CR 2002-065). Dartmouth, NS: Defence R&D Canada - Atlantic. 30 pp.

6.      Evans, W. E. 1966 Vocalizations among marine mammals. *Marine Bioacoustics* 2, 159-185.

7.      Herzing Denise L, 1996 Vocalizations and associated underwater behavior of free-ranging Atlantic spotted dolphins, *Stenella frontalis* and bottlenose dolphins, *Tursiops truncates, Aquatic Mammals* 1996, 22.2, 61-79. *Florida Atlantic University, Ciências Biológicas, Boca Raton, FL 33431, EUA*

8.      Houser Dorian S., E Daniel. Crocker, Reichmuth Colleen, Mulsow Jason e Finneran James J. 2007 Potenciais evocados auditivos em elefantes-marinhos do norte (Mirounga angustirostris). Aquatic Mammals 2007, 33(1), 110-121.

9.   Janik, V. M, e Slater, P. J. 1998. Context-specific use suggests that bottlenose dolphin signature whistles are cohesion calls, Animal Behav. 56, 829-838.

10.   Krauss,T.P.,L. Shure e J.N.Little 1995. Signal Processing Toolbox: For Use with Matlab. The Mathworks, Inc.

11.   Lammers, Marc O. e Whitlow W. L. Au. 2003.'The broadband social acoustic signaling behavior of spinner and spotted dolphins'. Marine Mammal Research Program, Hawaii Institute of Marine Biology, University of Hawaii, Journal of Acoustical Society of America.

12.   Lubis, M.Z e Pujiyati.Sri. 2015. Influência da Adição de Níveis de Sal Contra o Estudo do Movimento Bio-Acústico do Som Estridulatório do Peixe Guppy (Poecilia reticulata), pp. 01-07. 1ª Conferência Internacional sobre Desenvolvimento Marítimo.

13.   Mellinger, D. K.. Stafford K. M., Moore, S. E., Dziak, R. P., dan Matsumoto, H. 2007. An Overview of Fixed Passive Acoustic Observation Methods for Cetaceans (Uma visão geral dos métodos de observação acústica passiva fixa para cetáceos). Journal of Oceanography, Vol. 20 ( 4 ) : 36-45.

14.   Nedwell, J. R., e Parvin S. J. 2007. Improvements to Passive Acoustic Monitoring systems (Melhoramentos dos sistemas de monitorização acústica passiva). Relatório n.º 565R0810. Subacoustech Ltd. Londres.

15.   Papale, E. Azzolin, M., Cascao, I., Gannier, A., Lammers, M. O., Martin, V. M. & Giacoma, C. 2013. Variação macro e micro-geográfica dos assobios do golfinho comum de bico curto no Mar Mediterrâneo e no Oceano Atlântico. Ethology Ecology & Evolution, (ahead-of-print), 1-13.

16.   Popper, A. N. e Hasting M.C. 2009. The effects of anthropogenic sources of sound on fishes (Os efeitos das fontes antropogénicas de som nos peixes). Journal of Fish Biology (2009) 75, 455-489.

17.   Pratt, M. 1998. Better Angling With Simple Science: The White Friars Press. London.

18.   Simmonds J. & MacLennan D. 2005. Fisheries Acoustics: Theory and

Practice, segunda edição. Blackwell.

19. Urick, R.J. 1975. Principles of Underwater Sound (Princípios do som subaquático). Kingsport Press, 384 pp.

20. Watkins, W. A. & Wartzok, D. 1985 Sensory biophysics of marine mammals. Mar. Mam. Sci. 1(3), 219-260.

21. Winn, H.E. 1991. Discriminação acústica pelo peixe da estrada com comentários sobre o sistema de sinal. P 361 - 381. Em Howard E. Winn. Dan Bori J. Olla. (ed) Behavior of Marine Animals Vol 2: Vertebrates. Plenum Press. Nova Iorque.

# CAPÍTULO 5

# CARACTERÍSTICAS BIOACÚSTICAS DO ASSOBIO DE GOLFINHOS ROAZES DO INDO-PACÍFICO *(TURSIOPS ADUNCUS )* MACHOS EM CATIVEIRO NA INDONÉSIA

Por : Muhammad Zainuddin Lubis. Licenciatura,

Dr. Sri Pujiyati, Dr. Totok Hestirianoto

## 5.1 Introdução

Os assobios caraterísticos também diferem entre os sexos. As fêmeas de golfinhos geralmente desenvolvem assobios muito diferentes dos das suas mães, enquanto os assobios caraterísticos dos golfinhos machos tendem a ser muito semelhantes aos da mãe. Mais uma vez, este facto está relacionado com o comportamento social, uma vez que os grupos de odontocetos são tipicamente formados por fêmeas com as suas crias, por vezes abrangendo várias gerações. Se as fêmeas tivessem assobios de assinatura muito semelhantes aos das suas mães, os membros do grupo teriam dificuldade em distinguir entre as duas. Os machos, por outro lado, deixam o seu grupo natal quando atingem a maturidade e formam grupos juvenis, que podem também conter fêmeas juvenis em algumas espécies. Em muitas espécies de baleias de dentes, os machos adultos podem associar-se a grupos de fêmeas apenas durante alguns dias de cada vez. Tendem a abandonar as fronteiras populacionais bem definidas durante períodos de vários meses.

Tal como outras espécies de baleias com dentes, os cachalotes também formam grupos muito estáveis. Produzem sons específicos individuais - mas estes são muito diferentes dos assobios formados pelos golfinhos. O seu som específico tem a forma de uma série curta de cliques, chamados codas (~180K). Tal como os golfinhos e os seus assobios caraterísticos, os cachalotes podem imitar as codas dos outros.

Os grupos familiares de baleias assassinas, designados por pods, são os mais duradouros dos grupos de odontocetos. Há mais de 13 anos que se identificam indivíduos em redor da ilha de Vancouver, na Colúmbia Britânica, como membros de cerca de 30 grupos. Estes grupos parecem ser constituídos por indivíduos aparentados. Com baixas taxas de natalidade e mortalidade, a composição dos grupos não se altera durante vários anos. Os grupos de baleias assassinas são tão estáveis que se descobriu que produzem um dialeto para um som específico do seu grupo. Cada grupo de orcas tem um repertório diferente de chamamentos e, aparentemente, cada indivíduo dentro do grupo produz cada chamamento. "Cada grupo tem cerca de uma dúzia de... chamamentos que usam repetidamente", disse John Ford numa recente entrevista televisiva. Ford é o principal cientista que estuda os grupos de baleias assassinas em Puget Sound. Descobriu que os grupos "partilham" chamamentos, como quando o grupo "L" usa uma variação do chamamento do grupo "J".

No mundo da pesca, os métodos acústicos passivos são aplicados para monitorizar os mamíferos marinhos e o biota marinho [1]. Os sinais obtidos a partir do registo do som dos mamíferos marinhos são muito fracos, necessitam de amplificação e é muito difícil determinar a direção de chegada de cada som. O som passivo pode ser derivado do alvo dos animais [2]. Um método de acústica passiva também utilizado no domínio do serviço militar para o desenvolvimento do sistema de segurança envolve a gravação do som produzido pelo mergulho [3]. A audição dos mamíferos marinhos é medida no sujeito vivo com a utilização de audiómetro ou de técnicas electrofisiológicas [4]. . As caraterísticas da audição podem ser previstas com base na frequência dos sons produzidos, mas é preferível ter respostas medidas do comportamento em animais treinados [5] e [6].

Atualmente, pouco se sabe sobre o tipo de som do golfinho roaz referido como yelping (burst), que é caracterizado pelo espetro, tempo e amplitude como um tipo de assobio de pulso de som estridente que muito poucos investigadores exploraram. Quanto à descrição inicial na literatura, a maior parte é apenas qualitativa, que reflecte a interpretação subjectiva e a classificação auditiva nos seres humanos [7]. O som de um assobio geralmente usado para ecolocalização, enquanto o som de um assobio gritando (burst) desempenha um papel importante na comunicação [1]. Os assobios continuam ilimitados, dando sinais de frequência [8], com várias emissões amplas de 800 Hz e 28,5 KHz [9], muitas vezes há componentes harmónicos [8]. A audição dos golfinhos varia de cerca de 50 Hz-150 KHz, com algumas variações entre as espécies

[9]     . Como a ciência da acústica está em franco crescimento para os golfinhos, os investigadores anteriormente vinham exercendo registos e análises de vocalização [10]. Este estudo tem como objetivo analisar e distinguir caraterísticas do som do assobio de um macho de nariz de garrafa *(Tursiops aduncus)* na piscina de fisioterapia, utilizando gravações passivas e observações comportamentais.

## 5.2 Ferramentas e materiais

Atualmente, pouco se sabe sobre o tipo de som do golfinho roaz referido como yelping (burst), que é caracterizado por espetral, temporal e amplitude como um tipo de assobio de pulso de som estridente que muito poucos investigadores exploraram. Quanto à descrição inicial na literatura, a maior parte é apenas qualitativa, que reflecte a interpretação subjectiva e a classificação da audição em [7]. O som de um assobio geralmente usado para ecolocalização, enquanto o som de um assobio gritando (burst) desempenha um papel importante na comunicação [1]. Assobios que continuam ilimitados, dando sinais de frequência [8], com várias emissões amplas de 800 Hz e 28,5 KHz [9], muitas vezes há componentes harmónicas [8] A audição dos golfinhos varia de cerca de 50 Hz-150 KHz, com alguma variação entre espécies

[10] Uma vez que a ciência da acústica está a crescer rapidamente para os golfinhos, os investigadores anteriormente tinham vindo a exercer registos e análise de vocalização [10]. Este estudo tem como objetivo analisar e distinguir caraterísticas do som do assobio de um macho de nariz de garrafa *(Tursiops aduncus)* na piscina de quarentena, utilizando gravações passivas e observações comportamentais.

As ferramentas e o material utilizado na metodologia de investigação incluem: hidrofon SQ3 (instrumento acústico passivo); um termómetro hg para medir a temperatura da água; refratómetro para medir a salinidade da água; hidrofones dolphin EAR 100 com o número de série DE989505; câmara subaquática gopro hero 3+ que serve para registar visualmente o movimento dos golfinhos enquanto estão na piscina. Foram utilizados os softwares Matlab e Wavelab para processar as observações recolhidas dos golfinhos na piscina denominada quarentena. Os dados foram processados e filtrados utilizando o software Wavelab para obter o som a ser analisado através da técnica de densidade espetral de potência através das rotinas do Matlab. O hidrofone tem geralmente a forma de uma placa piezoeléctrica e a padronização do hidrofone para fins de biocústica foi emitida pela Bioacoustic Inc. O hidrofone tem geralmente a forma de uma placa piezo-eléctrica e a norma de hidrofone para fins de gravações bioacústicas foi emitida pela Bioacoustic Inc. O hidrofone limita a gama de frequências gravadas à frequência dos sons que podem ser ouvidos normalmente utilizando auriculares para seres humanos [11]. O software Wavelab fornece funções para gravar o som diretamente do ouvido do golfinho, pelo que as frequências mais baixas que podem ser detectadas serão inferiores a vários Hz, e o limite superior de uma frequência que pode ser detectada pode atingir mais de 78 22 kHz.

### 5.3 Assobios gravados

Os assobios foram extraídos de gravações subaquáticas de vídeo e som feitas entre Mei e Juni de 2015 com câmaras de vídeo (Gopro Hero 3+) e um hidrofone SQR 3, plano a 22 kHz com um -192 dB re 1 pPa. Os assobios foram atribuídos a indivíduos específicos quando um golfinho se encontrava sozinho na vizinhança da câmara/hidrofone, na proximidade exclusiva (< 1 m) da câmara/hidrofone, ou apresentava emissões simultâneas de bolhas correlacionadas com um assobio. Embora a amplitude possa ser variável nas vocalizações dos golfinhos, os indivíduos que se encontravam a mais de 5 m de distância do equipamento de registo nunca emitiram assobios tão altos como os golfinhos a 1 m. Se estivesse presente um grupo de golfinhos, a intensidade do assobio só era utilizada para determinar o indivíduo que assobiava quando um golfinho estava perto do hidrofone (< 1 m) e o resto do grupo estava mais afastado (> 5 m). Alguns estudos anteriores basearam-se apenas em fluxos de bolhas para identificar os indivíduos que vocalizam, por ex.[12],[13];[14]; ver também [15]. No entanto, a nossa visão subaquática única permitiu-nos observar não só os fluxos de bolhas, mas também a orientação direcional e a proximidade dos indivíduos em relação ao equipamento de gravação e a ausência de outros golfinhos em cativeiro na Indonésia. Os assobios foram digitalizados a partir de gravações áudio utilizando o software *Raven Pro 1.5* (Cornell University, Ithaca, NY, EUA) a uma taxa de amostragem de 44,1 kHz ( Assobios 1, 2, 3 e 4). Análise de dados com teste F,

Todos os testes estatísticos foram executados com o software *SPSS 14.0*.

## 5.4 Transformada de Fourier

A base para o estudo da caraterística em frequência de um sinal é a transformada de Fourier por [16]. A transformada rápida de Fourier (FFT) é um algoritmo para contar a transformada de Fourier. Um sinal no domínio do tempo, nominalmente, x (t) pode ser transformado num sinal no domínio da frequência, nominalmente X(f), aplicando os métodos da FFT como se mostra nas equações seguintes.

$$X(f) = \int_{-\infty}^{\infty} x(t) \bullet e^{-2\pi ft} dt.$$

$$(1)$$

$$x(t) = \int_{-\infty}^{\infty} X(f) \bullet e^{-2\pi ft} df.$$

$$(2)$$

Onde t é o tempo, f é a frequência. x é a notação de um sinal no domínio do tempo e X é a notação para sinais no domínio da frequência. A equação (3) é chamada de transformada de Fourier de x (t), enquanto a equação (4) é chamada de transformada inversa de Fourier de X (f).

## 5.5  Densidade Espectral de Potência

A frequência de uma onda é naturalmente determinada pela fonte de frequência. A velocidade da onda através de um meio é determinada pelas propriedades do meio. Uma vez dada a frequência (f) e a velocidade do som (v) da onda, o comprimento de onda (X) é definido. Com a relação f = 1 / T pode obter-se a equação (3):

$$\lambda = \frac{v}{f}$$

$$(3)$$

Porque o estudo utilizou a velocidade do som no meio aquoso, ou seja, a água do mar. Então a velocidade do som no ar é denotada por (v) pode ser alterada com a velocidade do som na água que é denotada por (C), de modo que a equação (4) :

$$\lambda = \frac{C}{f}$$

$$(4)$$

A densidade espetral de potência (PSD) é definida como a magnitude da potência por intervalos de frequência, sob a forma de matemática [16]:

$$PSD = \frac{Xn|^2}{f} \dots\dots\dots\dots\dots\dots\dots \left(\frac{(Amplitudo)^2}{Hz}\right) \qquad (5)$$

O cálculo da psd em matlab utiliza o método de Welch [17], nomeadamente a procura da DFT (baseada em algoritmos FFT), elevando depois ao quadrado o valor da magnitude.

## 5.6 Resultados e discussão

O som dos mamíferos (golfinhos) analisado nesta pesquisa é o ruído que deriva do crânio dos golfinhos. De acordo com [18], o som é muito importante para compreender o comportamento de comunicação de vários tipos de peixes e, de acordo com [19], os mamíferos podem emitir sons de várias amplitudes para comunicar e trocar informações. A análise do seu som pode levar a aprofundar o conhecimento do som produzido quando os mamíferos estão a comer, a mover-se, a fugir do predador, e também pode contribuir para saber mais sobre a sua reprodução (sexualidade e aumento de fase) [10]. A partir do som gravado, os golfinhos nariz de garrafa *(Tursiops aduncus)* têm três tipos de tons diferentes. Os resultados das observações estão resumidos na Tabela 1.

**Tabela 1**. Tempo, intensidade mínima, intensidade máxima, frequência média e intensidade de alcance

| Whistle | Time (ms) | Min Intensity (dB) | Max Intensity (dB) | Mean Frequency (Hz) | Range Intensity |
|---|---|---|---|---|---|
| 1 | 100 | 23.29 | 23.8 | 14470.31 | 0.51 |
| | 200 | 23.35 | 24.17 | 10163.67 | 0.82 |
| | 300 | 23.29 | 23.84 | 12316.99 | 0.55 |
| | 400 | 23.2 | 23.88 | 14470.31 | 0.68 |
| | 500 | 23 | 24.04 | 16623.63 | 1.04 |
| | 600 | 23.39 | 23.75 | 18776.95 | 0.36 |
| | 700 | 23.34 | 24.03 | 20930.27 | 0.69 |
| 2 | 100 | 23.33 | 24.14 | 8010.35 | 0.81 |
| | 200 | 23.18 | 24.02 | 10163.67 | 0.84 |
| | 300 | 22.67 | 23.9 | 12316.99 | 1.23 |
| | 400 | 23.29 | 23.79 | 14470.31 | 0.5 |
| | 500 | 23.93 | 24.05 | 16623.63 | 0.12 |
| | 600 | 23.23 | 23.85 | 18776.95 | 0.62 |
| | 700 | 23.15 | 23.67 | 2090.27 | 0.52 |
| 3 | 100 | 23.3 | 23.83 | 8503.03 | 0.53 |
| | 200 | 23.13 | 24.12 | 10094.77 | 0.99 |
| | 300 | 23.02 | 24.16 | 11893.22 | 1.14 |
| | 400 | 22.91 | 24 | 14470.31 | 1.09 |
| | 500 | 23.13 | 23.62 | 16623.63 | 0.49 |
| | 600 | 23.02 | 23.7 | 18776.95 | 0.68 |
| | 700 | 22.9 | 23.66 | 20930.27 | 0.76 |
| 4 | 100 | 23.62 | 24.11 | 8010.35 | 0.49 |
| | 200 | 23.31 | 23.91 | 10163.67 | 0.6 |

| 300 | 23.13 | 23.82 | 12316.99 | 0.69 |
| 400 | 23.29 | 24.53 | 14470.31 | 1.24 |
| 500 | 23.24 | 24.09 | 16623.63 | 0.85 |
| 600 | 23.11 | 23.75 | 18776.95 | 0.64 |
| 700 | 23.19 | 23.82 | 20930.27 | 0.63 |

**Tabela 2** Teste F Apito na piscina de fisioterapia

| NO | Time (ms) | Whistle Sounds male Indo-Pacific bottlenose dolphins | | | |
| --- | --- | --- | --- | --- | --- |
| | | Whistle 1 | Whistle 2 | Whistle 3 | Whistle 4 |
| 1 | 100  with200 | - | * | - | * |
| 2 | 200 with 300 | - | * | - | * |
| 3 | 300 with 400 | * | * | * | - |
| 4 | 400 with500 | * | - | * | - |
| 5 | 500 with 600 | * | * | * | * |
| 6 | 600 with 700 | - | - | * | * |

-) Efeito não significativo (Aceitar Ho) (Fhit<Ftabel) *) Significativo (Rejeitar Ho) (Fhit>Ftabel)

A Tabela 1 mostra o tempo, a intensidade mínima, a intensidade máxima, a frequência média e a intensidade da gama. A gama de intensidade que está atualmente no apito 4 a 400 ms, e a gama de baixa intensidade está num apito 2 a um tempo de 500 ms. Teste F baseado na Tabela 2, o som do apito 1 em 100 a 200, 200 a 300 ms, 300 a 400 ms, 400 a 500 ms tem um valor de P> 0,001, enquanto o som do apito de 500 a 600 ms, 600 a 700 tem um valor de P <0.001,2 som de apito no momento de 100 a 200, 200 a 300 ms, 300 ms a 400, 400 a 500 ms e 600 a 700 ms tem um valor de P> 0,001, enquanto o som do apito de 500 a 600 ms tem um valor de P <0,001. 3 som de apito no tempo de 200 a 300 ms, 300 ms a 400, 500 a 600 ms e 600 a 700 ms tem um valor de P> 0,001, enquanto o som do apito 100 a 200, 500 a 600 ms tem um valor de P <0,001. 4 sons de apito em 100 a 200, 200 a 300 ms, 300 ms a 400, 400 a 500, 500 a 600 ms, e 600 a 700 ms tem um valor de P

<0,001. Os resultados do teste F têm em comum (Homogéneo) contidos na relação entre o tempo de 500 a 600 com os resultados do apito 1, 2, 3, e 4 são Rejeitar Ho (Fhit> F tabela), enquanto o som de um apito com um tempo de 100 a 200, 200 a 300, 300 400, 400 a 500, e 600 a 700 ms não é uniforme vendo padrões e relações (Teste F).

## 5.7 Caraterística do som dos golfinhos

O som do apito é o som produzido pelos golfinhos a partir do melão (a fonte sonora). O som produzido pelo golfinho é normalmente referido como um sinal de marcação e o som do apito é também utilizado para manter a comunicação entre golfinhos individuais [20]. Os sons de apito produzidos pelos golfinhos podem atingir 17,04 KHz [1]. O espetro original, analisando o padrão do MATLAB para ver o número de sons de apito existentes no espetro. O som de apito utilizado é de 4-5 sons no intervalo de ± 5 minutos. O som original do apito é um espetro original que não foi filtrado. O som original do apito na piscina de fisioterapia pode ser visto na Figura 1,2,3,4,

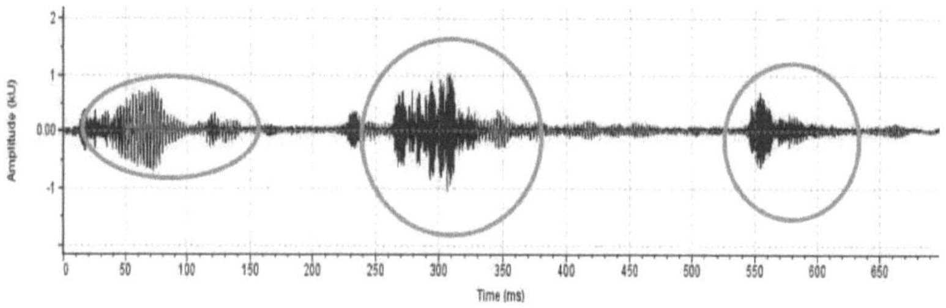

**Figura 1** Som original do apito 1

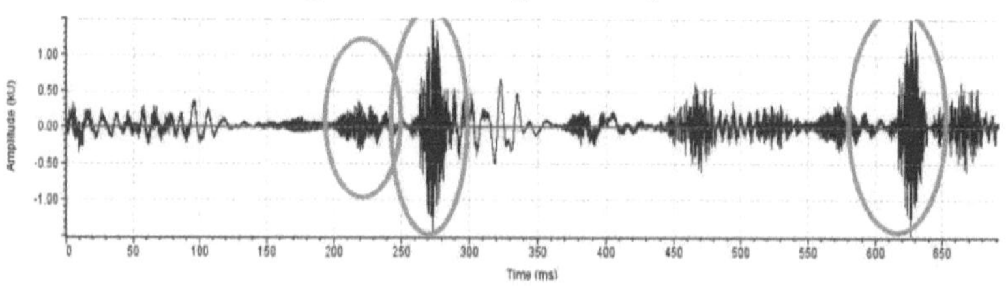

**Figura 2** Som original do apito 2

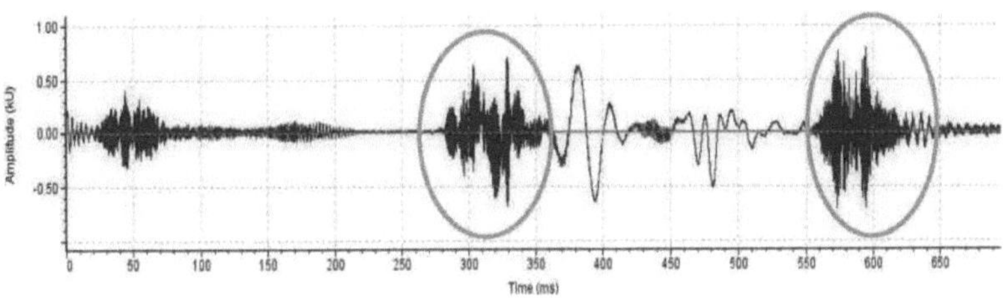

**Figura 3** Som original do apito 3

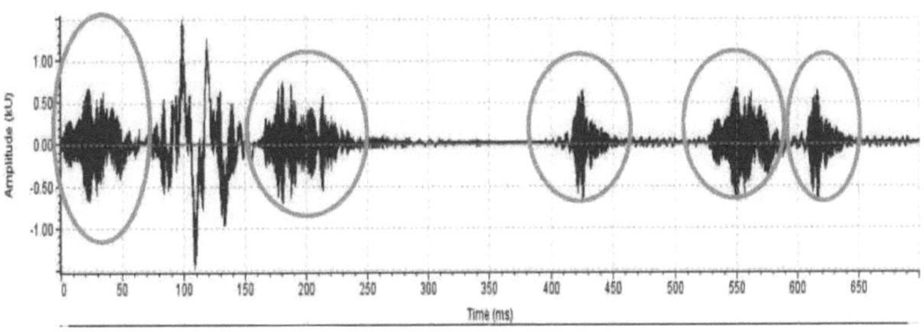

**Figura 4** Som original do apito 4

A figura 1 obteve do som original 3 padrões sonoros que se situam num tempo de 50-100 ms, 240-350 ms e 540-600 ms. A figura 2 apresenta três padrões muito fortes do espetro, localizados a 200-230 ms, 240-300 ms e 500-600 ms. A figura 3 também tem um terceiro padrão de voz que se situa entre 10-80 ms, 300-350 ms e 550-650 ms, ao passo que a figura 4 tem um padrão de som mais forte do que os sons 1, 2 e 3. O apito 4 tem 5 padrões de som com tempos de 0-50 ms, 150-200 ms, 400-450 ms, 500-550 ms e o último 600-650. Os resultados do apito original gerado numa piscina de fisioterapia e mostram que o tratamento antes e depois das refeições tem o mesmo intervalo de tempo máximo de 700 ms, tem vários padrões diferentes e tem um padrão diferente de cada vez. De acordo com [21], [24], [25] a duração média do som do apito no golfinho roaz comum que foi dipenangkaran / piscina que é de cerca de 600 ms. Os resultados deste espetro mostram que o intervalo de tempo original do som feito por pesquisas anteriores tem um intervalo de quase o mesmo tempo com uma diferença de 100 ms de diferença.

Função de Densidade Espectral de Potência (PSD) para igualar o número de linhas e colunas do ficheiro m da matriz de dados do processo de gravação de som. A densidade espetral de potência é um conceito útil para determinar a banda de frequência óptima do sistema de transmissão de sinais. A PSD é uma variação da potência (energia) em função do espetro de frequência sob a forma de densidade estimada usando FFT, o método PSD é uma das técnicas modernas de estimação espetral propostas durante esta década [22] A Figura 5 mostra os quatro apitos gerados pelo valor da Densidade Espectral de Potência (PSD), que se encontra no valor mais elevado com 24,30 dB são mostrados a preto em 4 quando o apito soa antes de comer na piscina de fisioterapia (indicado por círculos pretos). O valor de intensidade mais elevado encontra-se no intervalo de frequência de 14100 Hz, enquanto que o valor mais baixo que se encontra no segundo apito com uma frequência de 8200 Hz com um valor de Densidade Espectral de Potência (PSD) de 22,70 dB como indicado pela linha azul.

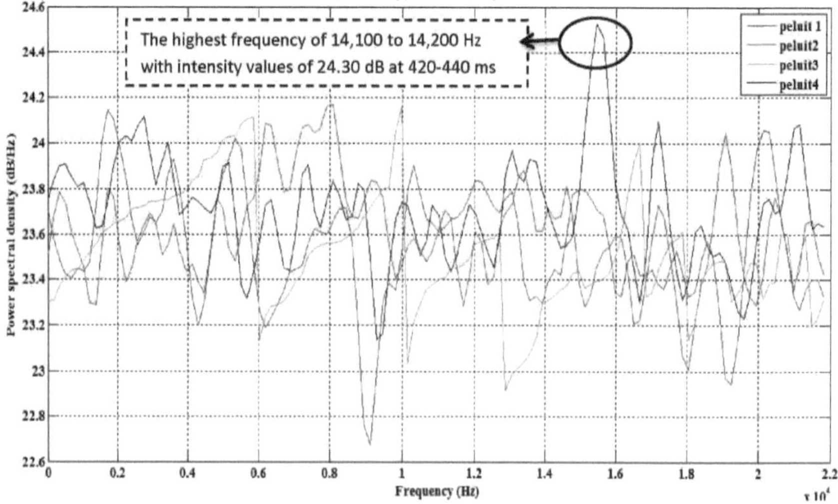


Figura 5 Assobio de densidade espetral de potência 1-4

A partir dos resultados obtidos podem ser identificados como os sons de assobio que emanam dos golfinhos, calculando ou visualizando o intervalo de intervalo do próprio som de assobio [20]. A intensidade mais elevada de um apito 4 também pode ser afetada pela posição horizontal do golfinho, porque, de acordo com [23], o movimento na posição vertical irá provavelmente afetar a magnitude do som e a inconsistência do som emitido pelos golfinhos, utilizando métodos de conservação da energia obtida pelos golfinhos, e exigirá muita energia para gastar um valor maior de intensidade de voz.

### 5.    8 Comportamento dos golfinhos roazes do Indo-Pacífico machos

Comportamento dos golfinhos registado através de gravação subaquática e acima da superfície da água (GoPro Hero 3+). O comportamento dos golfinhos inclui a posição em que os golfinhos usam o nariz da garrafa enquanto estão em cativeiro, na fisioterapia da piscina e no espetáculo. A posição da imagem e o comportamento dos golfinhos são obtidos ajustando o som de amostragem (Wavelab), a posição e o comportamento dos golfinhos na piscina de fisioterapia podem ser vistos na figura 6.

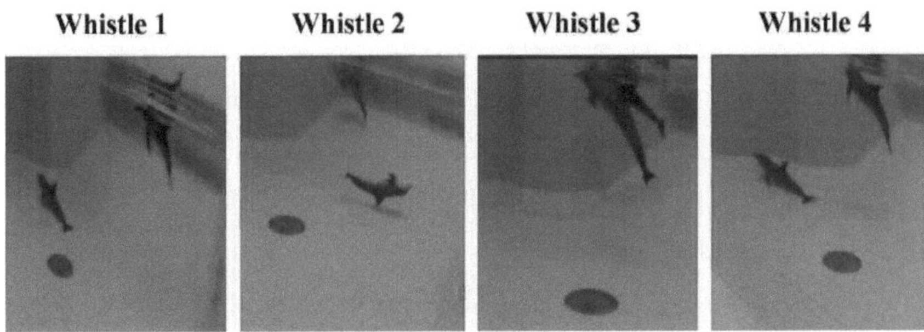


**Figura 6** Posição e comportamento dos golfinhos machos na piscina de fisioterapia

A figura 6 mostra o comportamento dos golfinhos na piscina de fisioterapia com o som do apito 3 de fisioterapia visto que os golfinhos estão na mesma piscina com a superfície, enquanto que com o apito 1, 2, e 4 olham os golfinhos na superfície. Isto explica a posição dos golfinhos numa piscina de fisioterapia mais dominante e muitas vezes localizada no fundo da piscina (menos fazendo o movimento). A posição do movimento e a ecologia do assobio do golfinho roaz comum ao som produzido afectarão a frequência gerada pelos golfinhos (Papale et al. 2014).

## 5.9    Conclusão

Os golfinhos roazes do Indo-Pacífico *(Tursiops aduncus)* machos em Cisarua, Bogor, Indonésia, têm uma densidade espetral de potência (PSD) e uma gama de frequências do som do assobio diferentes umas das outras. O valor de intensidade mais elevado é o som de um apito 4 com valores de intensidade de 23,40 dB a uma frequência de 14100-14200 Hz. A posição dos golfinhos numa piscina de fisioterapia é mais dominante e está frequentemente localizada no fundo da piscina.


**REFERÊNCIAS**

1.    Azzolin, M. Papale, E., Lammers, M. O. Gannier, A., & Giacoma, C. 2013. Variação geográfica dos assobios do golfinho-riscado (Stenella coeruleoalba) no Mar Mediterrâneo. The Journal of the Acoustical Society of America, 134, 694.

2.    Mellinger, D. K.. Stafford K. M., Moore, S. E., Dziak, R. P., dan Matsumoto, H. 2007. An Overview of Fixed Passive Acoustic Observation Methods for Cetaceans (Uma visão geral dos métodos de observação acústica passiva fixa para cetáceos). *Journal of Oceanography,* Vol. 20 ( 4) : 36-45.

3.    Borowski, B., Alexander S., Heui-Seol R., Bunin, Barry. 2008. Deteção passiva de ameaças acústicas em ambientes estuarinos. Instituto de Tecnologia Stevens: Laboratório de Segurança Marítima. Proc. da Sociedade de Engenheiros de Instrumentação Fotográfica, Vol. 6945 694513.

4.    Houser Dorian S., E Daniel. Crocker, Reichmuth Colleen, Mulsow Jason e Finneran James J. 2007. Potenciais evocados auditivos em elefantes-marinhos do norte *(Mirounga angustirostris). Aquatic Mammals* 2007, *33*(1), 110-121.

5.    Erbe, C. 2002 . Hearing abilities of baleen whales (Relatório do contratante #DRDC Atlantic CR 2002-065). Dartmouth, NS: Defence R&D Canada - Atlantic. 30 pp.

6.    Wartzok, D. & Ketten, D. R. 1999. Sistemas sensoriais de mamíferos marinhos. Em J. E. Reynolds II & S. A. Rommel (Eds.), Biology of marine mammals (pp.

Washington, DC: Smithsonian Institution Press

7.	Bebus Sara. E & Herzing L. Denise Similaridade entre as assinaturas de assobio da mãe e da prole e padrões de associação em golfinhos-pintados do Atlântico *(Stenella frontalis)* Scinow Publications Ltd. ABC 2015, 2(1):71-87 Comportamento e Cognição Animal

8.	Papale, E. Azzolin, M., Cascao, I., Gannier, A., Lammers, M. O., Martin, V. M. & Giacoma, C. 2013. Variação macro e micro-geográfica dos assobios do golfinho comum de bico curto no Mar Mediterrâneo e no Oceano Atlântico. Ethology Ecology & Evolution, (ahead-of-print), 1-13.

9.	Janik, V. M, e Slater, P. J. 1998. Context-specific use suggests that bottlenose dolphin signature whistles are cohesion calls, Animal Behav. 56, 829-838.

10.	Popper, A. N. e Hasting M.C. 2009. The effects of anthropogenic sources of sound on fishes (Os efeitos das fontes antropogénicas de som nos peixes). *Journal of Fish Biology* (2009) 75, 455-489.

1 1.Simmonds J. & MacLennan D. 2005. Fisheries Acoustics: Theory and Practice, segunda edição. Blackwell.

12.	McCowan, B., & Reiss, D. (1995a). Comparação quantitativa dos repertórios de assobios de golfinhos roazes adultos em cativeiro (Delphinidae, *Tursiops truncatus):* Uma reavaliação da hipótese da assinatura do assobio. *Ethology, 100,* 194-209. doi: 10.1111/j.1439-0310.1995.tb00325.x

13.	McCowan, B., & Reiss, D. (1995b). Desenvolvimento do contorno do apito em bebés golfinhos roazes (*Tursiops truncatus*) nascidos em cativeiro: O papel da aprendizagem. *Journal of Comparative Psychology, 109,* 242-260. doi: 10.1037/0735-7036.109.3.242

14.	Reiss, D. (1988). Observations on the development of echolocation in young bottlenose dolphins (Observações sobre o desenvolvimento da ecolocalização em jovens golfinhos roazes). Em P. E. Nachtigall & P. W. B. Moore (Eds.), *Animal sonar* (pp. 121-127). Nova Iorque: Plenum Publishing.

15.	Fripp, D. (2005). Bubblestream whistles are not representative of a bottlenose dolphin "s vocal repertoire. *Marine Mammal Science, 21,* 29-44. doi: 10.1111/j.1748-7692.2005.tb01206.x

16.	Brook, D. e R.J. Wynne. 1991. Signal Processing: Princ333les and Applications. Edward Arnold, uma divisão da Hodder and Stoughton Limited, Mill Road, Dunton Green. Grã-Bretanha.

17.	Krauss,T.P.,L. Shure e J.N.Little 1995. Signal Processing Toolbox: For Use with Matlab. The Mathworks, Inc.

18.	Winn, H.E. 1991. Discriminação acústica pelo peixe da estrada com comentários sobre o sistema de sinal. P 361 - 381. Em Howard E. Winn. Dan Bori J. Olla. (ed) *Behavior of Marine Animals* Vol 2: Vertebrates. Plenum Press. Nova Iorque.

19.	Herzing Denise L, 1996 Vocalizations and associated underwater behavior of free-ranging Atlantic spotted dolphins, *Stenella frontalis* and bottlenose dolphins, *Tursiops truncates, Aquatic Mammals* 1996, 22.2, 61-79. *Florida Atlantic University, Ciências Biológicas, Boca Raton, FL 33431, EUA*

20.	Cahill, T.2000. Dolphins National Geografic Society. Washington DC.

21.	Caldwell, M. C., D. K. Caldwell E P. L. Tyack. 1990. Revisão da hipótese da assinatura do apito para o golfinho roaz do Atlântico. Páginas 199234 *em* S. Leatherwood e R. R. Reeves, eds. The bottlenose dolphin. Academic Press, Nova Iorque, NY.

2 2.Stoica. P e R.L. Moses. 1997. Introdução à análise espetral. New Jersey: Prentice Hall Inc.

23.	Dudzinski, K. M., Sakai, M., Masaki, K., Kogi, K., Hishii, T., & Kurimoto, M. 2003. Behavioural observations of bottlenose dolphins towards two dead conspecifics. Aquatic Mammals, 29, 108- 116.

24.	Lubis, M.Z e Pujiyati.Sri. 2015. Influência da Adição de Níveis de Sal Contra o Estudo do Movimento Bio-Acústico do Som Estridulatório do Peixe Guppy (Poecilia reticulata), pp. 01-07. *A 1ª Conferência Internacional sobre Desenvolvimento Marítimo Proceeding.*

25.	Lubis, M.Z, Pujiyati.Sri, Hestirianoto.Totok. 2015.Bioacoustic Characteristic of Male Dolphins Bottle Nose (*Tursiops aduncus* ). Revista Internacional de Engenharia Científica e Tecnologia ISSN:2277-1581,Volume No.5 Edição No.1, pp: 44-49.

# Bibliografia do autor ( Muhammad Zainuddin Lubis , B.Sc)

O autor nasceu em Padang Sidempuan, Sumatra do Norte, a 8 de fevereiro de 1992, filho do pai, Dr. Khairuddin Lubis, M.Pd, e da mãe, Siti Yeni Mahnizar, M.Sc. O autor é o segundo filho de cinco filhos. Em 2009, o autor concluiu o ensino secundário na Escola Secundária SMAN 17 de Medan e, no mesmo ano, graças a Deus, foi selecionado para a Universidade Agrícola de Bogor (BAU) através do concurso de seleção do IPB, tendo ingressado no Departamento de Ciências e Tecnologias Marinhas da Faculdade de Pescas e Ciências Marinhas.

O autor concluiu o curso de Bacharelato em 2014. A oportunidade de continuar a sua educação para o programa de pós-graduação em cursos de Tecnologia Marinha IPB em 2014. Durante o programa de mestrado os autores seguem algumas actividades de formação e seminários tanto a nível nacional como internacional, nomeadamente [1] Seminário sobre Empreendedorismo pelo Banco da Indonésia em fevereiro de 2015, [2] Seminário sobre Mercado de Capitais da Escola SPM Sharia, Jacarta, 30 de maio de 2015, [3] A 1ª Conferência Internacional sobre Desenvolvimento Marítimo Proceeding. Tanjungpinang, 4 a 6 de setembro de 2015, [4] Workshop & Clínicas em Artigos Científicos para Publicação em Revistas Acreditadas, organizado pelo Indonesian Journal of Marine Science, Semarang 6 de novembro de 2015, [5] Workshop de Formação e Escrita Científica da Revista Científica Internacional e da Revista Científica Nacional Acreditada LIPI e Ensino Superior, Journal of Tropical Marine Science and Technology, ITK-IPB, Bogor Dramaga, 19 de novembro de 2015. [6] Aceita Publicação no International Journal of Scientific Engineering & Technology, Edição 1 do Volume 5 Data 1/1 / 2016 " Bioacoustic Characteristic Of Male Dolphin Bottle Nose '(Tursiop Aduncus). Para além das actividades de formação e seminários o autor também desempenhou funções de assistente de laboratório no curso de Acústica Marinha 2014. O autor também participou nas actividades de avaliação das unidades populacionais de peixes do Marine Fisheries Research Institute, Muara Baru Jakarta e LIPI Ambon em junho de 2015. Os autores concluíram um estudo no Programa de Estudos de Tecnologia Marinha, Escola de Pós-Graduação, Universidade Agrícola de Bogor (2016), com uma tese intitulada *"(Bioacoustic Characteristic Of Whistle Sound And Behaviour Of Male Dolphin Bottle Nose (Tursiops Aduncus) At Captive Indonesia, Cisarua Bogor).*

## Bibliografia do segundo autor (Pratiwi Dwi Wulandari , B.Sc)

O autor nasceu em Bogor, Java Ocidental, em 20 de fevereiro de 1993, filho de pai e mãe Tri Sumanto Rukiyati. O escritor é o segundo de três irmãos. Em 2011, o autor licenciou-se na SMA Negeri 1 Bogor. Em 2011, o autor licenciou-se na Escola Secundária SMAN 1 de Bogor e prosseguiu os estudos universitários com especialização em Ciências e Tecnologias Marinhas, na Universidade Agrícola de Bogor, através da escrita SNMPTN.

Durante o período em que esteve matriculado na Bogor Agricultural, o autor participou ativamente na Associação de Estudantes de Ciências e Tecnologias Marinhas (HIMITEKA) no período de 2013/2014 a 2014/2015. A fim de completar o estudo e obter o grau de Bacharel em Ciências Marinhas na Faculdade de Pescas e Ciências Marinhas (2016), o autor escreveu a sua tese com o título **"Bioacústica de golfinhos machos de nariz de garrafa (Tursiops aduncus) na piscina de quarentena em cativeiro na Indonésia, Cisarua Bogor"**.

## Bibliografia do terceiro autor (Docente) (Dr. Sri Pujiyati, MSi)

O autor nasceu em Purworejo, Java Central, em 21 de outubro de 1967

**ESCRITÓRIO**: Laboratório de Acústica Marinha

Departamento de Ciências Marinhas e Tecnologia

Faculdade de Pescas e Ciências Marinhas

Universidade Agrícola de Bogor

Kampus IPB Darmaga Bogor 16680 INDONÉSIA

Correio eletrónico : sripuj iyati@ipb. ac.id    ,

sripuj iyati@yahoo.com


## EDUCAÇÃO

B.Sc Bogor Agricultural University , Institut Pertanian Bogor (IPB), Indonésia, licenciado em 1990

M.Sc Bogor Agricultural University , Institut Pertanian Bogor (IPB), Indonésia, Escola de Pós-Graduação 1996

Doutoramento na Universidade Agrícola de Bogor, Instituto Pertanian Bogor (IPB),

Indonésia, Escola de Pós-Graduação 2008

## EXPERIÊNCIA GLOBAL

1. **Pesca Acústica**

2. **Acústica subaquática**

3. **Dispersão de ondas acústicas do biota marinho (peixes, plâncton, nekton)**

# Quarto autor

**( Docente) bibliografia ( Dr. Totok Hestirianoto, MSc)**

O autor nasceu em Medan, na Sumatra do Norte, em 24 de março de 1962

**ESCRITÓRIO**: Laboratório de Acústica Marinha

Departamento de Ciências e Tecnologias Marinhas

Faculdade de Pescas e Ciências Marinhas

Universidade Agrícola de Bogor

Kampus IPB Darmaga Bogor 16680 INDONÉSIA

Correio eletrónico: totokhestirianoto@ipb. ac.id ,

totokhestirianoto@gmail.com

## EXPERIÊNCIA GLOBAL

1. **Avaliação dos peixes e do plâncton**

2. **Conceção de instrumentos de observação Exploração de recursos marinhos / marinhos**

3. **Pesca Ferramenta de conceção simples para pescadores artesanais Piscicultores**

4. **Bioacústica**

Printed by Books on Demand GmbH, Norderstedt / Germany